TSCHRIFT FÜR MIKROELEKTRONIK · COMPUTERTECHNIK · INFORMATIK

Heft 12 · 1987

Mikroprozessortechnik

VEB Verlag Technik Berlin

ISSN 0232-2892

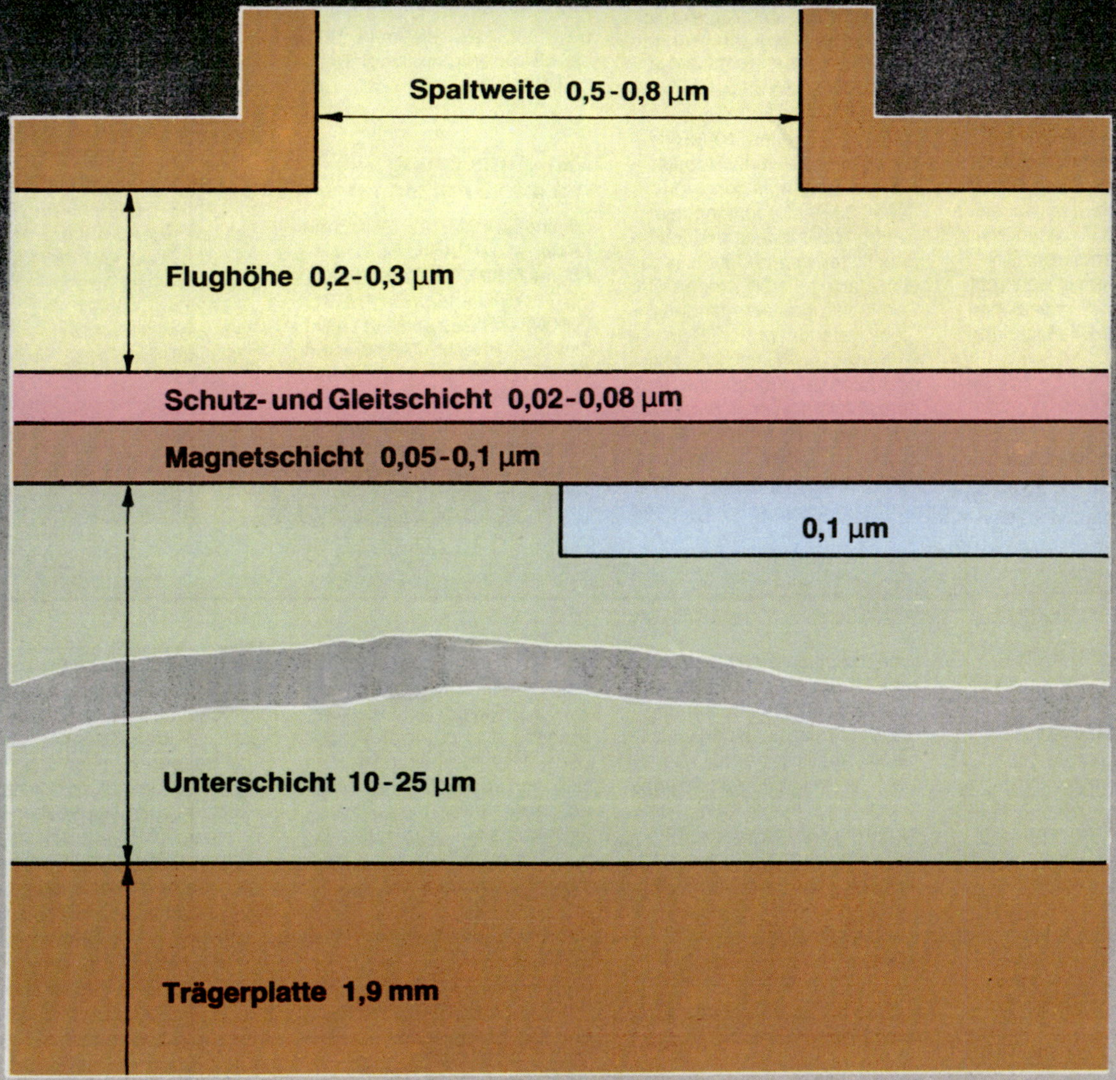

Speichertechniken

- *32-Bit-Prozessoren*
- *Einchipmikrorechner*

256-Kilobit-Speicherschaltkreise aus eigener Produktion

In der Volkswirtschaft der DDR wurde am Vorabend des 38. Jahrestages dazu übergegangen, 256-Kilobit-Speicherschaltkreise aus eigener Produktion anzuwenden, nachdem eine entsprechende technologische Linie im Kombinat Carl Zeiss JENA ihren Betrieb aufgenommen hat. Eine moderne Technologie (CMOS-Technik) erlaubt, Strukturbreiten von 1,5 μm zu beherrschen. Auf deren Grundlage ist es möglich, weitere Schaltkreistypen zu produzieren und sich auf die Produktion von 1- bzw. 4-Megabit-Speicherschaltkreisen mit konkreten Schritten vorzubereiten. 256-Kilobit-Speicherschaltkreise stellen ein qualitativ höheres Niveau in der Produktion und Anwendung der Mikroelektronik dar. Diese Schaltkreise ermöglichen es, auf einen Chip rund 60 000 Transistorfunktionen zu konzentrieren. Sie kommen vor allem in weiterentwickelten 16-Bit-Personalcomputern sowie 32-Bit-Rechnern zum Einsatz.

ADN/MP

ELORG – Ausstellung in Berlin

Vom 6. bis 9. Oktober stellte der sowjetische Außenhandelsbetrieb ELORG in der ständigen Exportmusterschau im Haus der sowjetischen Wissenschaft und Kultur ausgewählte Exponate seines Handelssortiments vor. So wurden Bauelemente, Taschenrechner, Schulcomputer und der Drucker EC 7040 ausgestellt.
Auf Schautafeln wurde über weitere Erzeugnisse informiert. Beispielsweise über den Großrechner EC 1066, das leistungsfähigste Modell des ESER, über den Terminalrechner EC 1007 und über den Personal- und Arbeitsplatzcomputer EC 1841. Beim EC 1841 handelt es sich um einen IBM-PC/XT-kompatiblen Personalcomputer. Als wichtigste Parameter wurden angegeben: 16-Bit-μP K 1810 WM 86 mit 1 Million Operationen pro Sekunde, 512 bis 1506 KByte RAM, 2 Floppy-Einheiten, 10-MByte-Winchesterlaufwerk, Farbdisplay mit einer Auflösung von 640×200 Rasterpunkten, ein Centronics-Interface und 2 V24-Schnittstellen. Als Option kann eine Maus geliefert werden. Der Computer arbeitet unter den Betriebssystemen MS/DOS und CP/M-86. Eine Reihe international häufig verwendeter Standardsoftware ist implementiert. Als Sprachen waren BASIC-86, PASCAL M 86 und ASSEMBLER M-86 aufgeführt.

MP

Berichtigung

Leider hatte in MP 9/87 auf Seite 250, 3. Spalte oben, der Druckfehlerteufel zugeschlagen. Richtig muß es heißen:
... sei auf die Bezugsmöglichkeiten von Angebotsrecherchen aus dem ...
und AR 30/87 ME-Einsatz zur rationellen Energieanwendung.
Außerdem bittet der VEB Applikationszentrum Elektronik Berlin noch um folgenden Zusatz: Direktbestellungen der Angebotsrecherchen sind zu richten an den VEB Applikationszentrum Elektronik Berlin, Abt. DA, Mainzer Str. 25, Berlin, 1035. Weitere Kontakte vermitteln die Ingenieurbetriebe für die Anwendung der Mikroelektronik in den Bezirken.

MP

Miniaturisierung hat ihre Grenzen

zumindest in unserer Zeitschrift. Leider ist die BASIC-Sprachübersicht für KC 85/3, KC 87 und SCP-BASIC-Interpreter BASI (MP 9/87, S. 280 und 281) nicht einwandfrei lesbar. Aus diesem Grund werden wir sie in einem späteren Heft in ausreichender Schriftgröße und -qualität wiederholen. Wir bitten den Autor und unsere Leser um Entschuldigung.

Ihre Redaktion MP

In eigener Sache

Ab sofort suchen wir für die Stelle eines Redakteurs unserer Zeitschrift MP eine(n) geeignete(n) Mitarbeiter(in) mit abgeschlossenem Hoch- oder Fachschulstudium und guten Kenntnissen der Computertechnik (Hard- und Software).
Zu den Aufgaben gehören:
– Betreuen des Sachgebietes Computertechnik in der Zeitschrift
– Gewinnen und redaktionelles Bearbeiten von Manuskripten
– Besuchen und Auswerten von Fachtagungen, -messen und -ausstellungen
– Zusammenarbeit mit Gutachtern und ggf. selbständiges Testen von der Redaktion zur Veröffentlichung eingereichten Programmen
– Bearbeiten bzw. Beantworten von Leseranfragen.
Falls Sie Interesse an dieser Tätigkeit haben und im Raum Berlin wohnen, rufen Sie uns unter Tel. 2 87 02 03 oder 2 87 03 71 an oder schreiben Sie an:
VEB Verlag Technik
Redaktion MP
Oranienburger Str. 13/14
Berlin
1020

MP

MP-INTERVIEW

INFO '88

Aus Anlaß der INFO '88, die vom 22. bis 26. Februar an der TU Dresden veranstaltet wird, sprachen wir mit dem Vorsitzenden der Gesellschaft für Informatik der DDR (GIDDR), Prof. Dr. Dieter Hammer.

Bei der INFO '88 handelt es sich um den vierten Kongreß der Informatiker der DDR. Welche Ziele hat sich der Kongreß gestellt?
Mit der INFO '88 wird die Reihe der nationalen Konferenzen zur „Entwicklung und Anwendung der elektronischen Rechentechnik der DDR" von 1964 bis 1976 und der INFO-Konferenzen 1977, 1981 und 1984 weitergeführt. Erstmals wird der Informatiker-Kongreß unter Hauptverantwortung der 1985 gegründeten Gesellschaft für Informatik der DDR veranstaltet. Die INFO '88 ist zugleich die wissenschaftliche Hauptkonferenz der Gesellschaft. Vertreter von Einrichtungen der Grundlagenforschung und der Praxis auf dem Gebiet der Informatik und benachbarten Gebieten, wie Automatisierungstechnik und Nachrichtentechnik, sollen neueste Ergebnisse zu Schwerpunkten der Forschung und Applikation vermitteln und diskutieren. Volkswirtschaftliche Aspekte des massenhaften Einsatzes von Informations- und Kommunikationstechnologien gilt es darzustellen und weitere neue Wege aufzuzeigen.

Um solch einen Kongreß durchzuführen, bedarf es sicherlich kompetenter Partner?
Mitveranstalter des Kongresses, bei dem 1400 Teilnehmer erwartet werden – nicht alle Teilnehmerwünsche lassen sich berücksichtigen –, sind die Akademie der Wissenschaften mit dem Institut für Informatik und Rechentechnik und dem Zentralinstitut für Kybernetik und Informationsprozesse, das Hochschulwesen mit dem Informatikzentrum an der Technischen Universität Dresden, die Kombinate Robotron, Datenverarbeitung und Nachrichtenelektronik sowie die Wissenschaftlich-technische Gesellschaft für Meß- und Automatisierungstechnik der Kammer der Technik.

Zu welchen Themen werden Vorträge gehalten, und nach welchen Gesichtspunkten wurden die Beiträge ausgewählt?
Im vergangenen Jahr wurden durch ein Programmkomitee von 24 Fachleuten aus Forschung, Lehre und Praxis aus über 500 eingereichten Vorträgen 245 ausgewählt und zu einem in teilweise 8 Parallelveranstaltungen tagendem Programm in 52 Sitzungen zusammengestellt. Dabei haben wir berücksichtigt, daß jeweils die Hälfte der Teilnehmer aus Forschung und Lehre bzw. aus der Praxis kommen.
Führende Wissenschaftler aus der DDR und anderen sozialistischen Ländern legen in Plenarbeiträgen Trends zu komplexen aktuellen Fragestellungen dar. Das Hauptgeschehen des Kongresses findet natürlich in den Fachsektionen Theoretische Grundlagen, Computertechnik, Software, Künstliche Intelligenz, Komplexe Anwendungen, Aus- und Weiterbildung sowie Gesellschaft und Informatik statt. Außerdem werden während der Tagung Podiumdiskussionen zu „Grundanforderungen an die Informatik für die rechnerintegrierte Fertigung" und zu „Gesellschaftlichen Wirkungen der Informatik" durchgeführt. Parallel zum Vortragsprogramm wird eine Ausstellung Geräte und Softwareprodukte zeigen, die im Ergebnis von Forschung und Entwicklung entstanden sind.

Wir danken Ihnen für das Gespräch und wünschen der INFO'88 einen erfolgreichen Verlauf.

MP

Zeitschrift für Mikroelektronik · Computertechnik · Informatik
1. Jahrgang · ISSN 0232–2892

Mikroprozessortechnik, Heft 12 · 87

Herausgeber Kammer der Technik, Fachverband Elektrotechnik

Verlag VEB Verlag Technik, Oranienburger Str. 13/14, DDR – 1020 Berlin; Telegrammadresse: Technikverlag Berlin; Telefon: 2 87 00, Telex: 011 2228 techn dd

Verlagsdirektor Klaus Hieronimus

Redaktion Ingo Paszkowsky, Verantwortlicher Redakteur (Tel.: 2870203); Hans Weiß, Redakteur (Tel.: 2870371); Sekretariat Tel.: 2870381

Gestaltung Christina Kaminski (Tel.: 2870288)
Titel: Christina Kaminski

Lizenz-Nr. 1710 des Presseamtes beim Vorsitzenden des Ministerrates der Deutschen Demokratischen Republik

Gesamtherstellung Druckerei Märkische Volksstimme Potsdam

Redaktionsschluß: 20. Oktober 1987

AN (EDV) 49837

Erscheinungsweise monatlich 1 Heft

Heftpreis 5,– M, Abonnementspreis vierteljährlich 15,– M; Auslandspreise sind den Zeitschriftenkatalogen des Außenhandelsbetriebes BUCHEXPORT zu entnehmen.

Bezugsmöglichkeiten
DDR: sämtliche Postämter; *SVR Albanien:* Direktorije Quendrore e Perhapjes dhe Propaganditit te Librit Rruga Konference e Pezes, Tirana; *VR Bulgarien:* Direkzia R.E.P., 11a, Rue Paris, Sofia; *VR China:* China National Publications Import and Export Corporation, West Europe Department, P.O. Box 88, Beijing; *ČSSR:* PNS – Ustřední Expedicia a Dovoz Tísku Praha, Slezská 11, 120 00 Praha 2, PNS, Ústredna Expedicia a Dovoz Tlače, Pošta 022, 885 47 Bratislava; *SFR Jugoslawien:* Jugoslovenska Knjiga, Terazija 27, Beograd; Izdavačko Knjižarsko Produzeće MLADOST, Ilica 30, Zagreb; *Koreanische DVR:* CHULPANMUL Korea Publications Export & Import Corporation, Pyongyang; *Republik Kuba:* Empresa de Comercio Exterior de Publicaciones, O'Reilly No. 407, Ciudad Habana; *VR Polen:* C.K.P.i.W. Ruch, Towarowa 28, 00-958 Warszawa; *SR Rumänien:* D.E.P. Bucureşti, Piaţa Scînteii, Bucureşti; *UdSSR:* Sämtliche Abteilungen von Sojuzpečat' oder Postämter und Postkontore; *Ungarische VR:* P.K.H.I., Külföldi Elöfizetési Osztály, P.O. Box 16, 1426 Budapest; *SR Vietnam:* XUNHASABA, 32, Hai Ba Trung, Hà Nội; *BRD und Berlin (West):* ESKABE Kommissions-Grossobuchhandlung, Postfach 36, 8222 Ruhpolding/Obb.; Helios-Literatur-Vertriebs-GmbH, Eichborndamm 141–167, Berlin (West) 52; Kunst und Wissen Erich Bieber OHG, Postfach 46, 7000 Stuttgart 1; Gebrüder Petermann, BUCH + ZEITUNG INTERNATIONAL, Kurfürstenstraße 111, Berlin (West) 30; *Österreich:* Helios-Literatur-Vertriebs-GmbH & Co. KG, Industriestraße B 13, 2345 Brunn am Gebirge; *Schweiz:* Verlagsauslieferung Wissenschaft der Freihofer AG, Weinbergstr. 109, 8033 Zürich; *Alle anderen Länder:* örtlicher Fachbuchhandel; BUCHEXPORT Volkseigener Außenhandelsbetrieb der Deutschen Demokratischen Republik, Postfach 160, DDR – 7010, und Leipzig Book Service, Talstraße 29, DDR – 7010 Leipzig

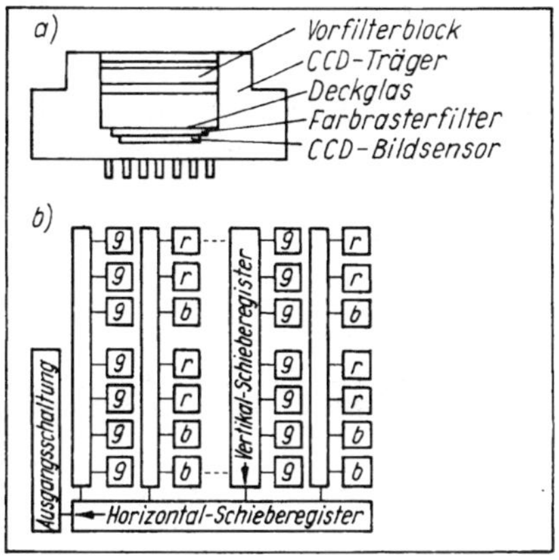

Seite 354

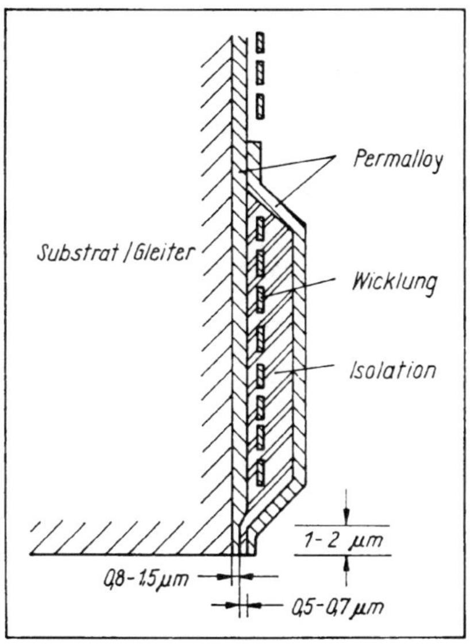

Seite 358

Seite 362

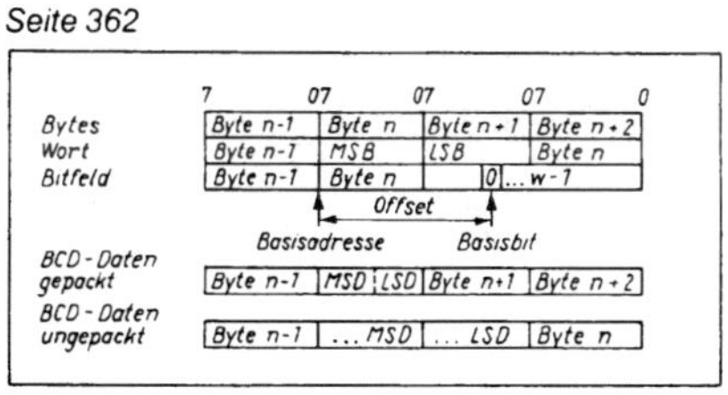

Seite 371

Inhalt

Wirkprinzipien von Informations- aufzeichnungstechnologien

Dr. Walter Kroha, Dr. Harald Baumann
VEB Filmfabrik Wolfen – Fotochemisches Kombinat, Fachdirektorat Forschung und Entwicklung

1. Vorbemerkungen

Mit der raschen Entwicklung der Massenmedien, des Bildungswesens, der Entwicklung aller auditiven, visuellen und audiovisuellen Informations- und Kommunikationsmittel, insbesondere jedoch mit der großen Bedeutung der Schlüsseltechnologien für die Entwicklung der Volkswirtschaft, kommt der schnellen Entwicklung der Informationsaufzeichnungstechnologien eine immer größere Bedeutung zu.
Dabei wird der Tatsache Rechnung getragen, daß die zunehmende Verknüpfung von optischen und akustischen Signalen sowie Computerdaten in vielen Anwendungsgebieten eine die Grenzen des jeweiligen Wirkprinzips überschreitende einheitliche Betrachtung erforderlich macht.
Von entscheidender Bedeutung für die Entwicklung ist es, die Wirkprinzipien der Informationsaufzeichnungstechnologien als Einheit von Informationsaufzeichnung, Informationsspeicherung, Informationsverarbeitung und Informationswiedergabe, also die geschlossene Kette vom Sender zum Empfänger zu betrachten, wobei die komplexen Zusammenhänge zwischen Gerätetechnik und Signalaufzeichnungsmedium berücksichtigt werden müssen.

Das vorliegende Manuskript ist die gekürzte Fassung eines Vortrages, der auf der 7. RGW-Tagung „Magnetische Signalspeicher" vom 3. bis 8. 5. 1987 in Neubrandenburg gehalten wurde.

Die Speichertechnologie stellt in dieser kompletten Kette ein Schlüsselelement dar. An die Speicher werden hinsichtlich hoher Speicherkapazität, schneller Zugriffszeit, leichter und flexibler Handhabbarkeit, universeller Anwendbarkeit und geringer Kosten hohe Anforderungen gestellt. Speichermedien sind neben den Halbleiterspeichern, welche insbesondere als Arbeitsspeicher Verwendung finden, die Massenspeicher auf Basis Silberhalogenidmaterialien, fotochemische Nichthalogensilbermaterialien, magnetische Materialien und optische Medien. Für die Zukunft werden Technologien auf Basis von holografischen Speichern, Flüssigkristall-, ferroelektrischen und Polymerspeichern und möglicherweise Speicher auf Basis von Molekülen erwartet.

2. Signalaufzeichnungsverfahren für Bild-, Ton- und Computersignale

In Bild 1 sind die wesentlichsten Signalaufzeichnungs- und Speichersysteme für Bild, Ton und Datensignale dargestellt. Nach wie vor kommt der Aufzeichnung von primären optischen Signalen (z. B. Bildsignalen) eine besondere Rolle zu. Die Bildabtastung kann flächenhaft mit einer Kamera bzw. sequentiell mit einem Laserstrahl erfolgen. Der molekulare Sensor übernimmt das Signal, und über Stoffumwandlung, Visualisierung (Entwicklung) und Stabilisierung erfolgt bei fotochemischen Systemen, wie Diazo-Systeme oder Fotopolymer-Systeme, die Signalaufzeichnung und -speicherung /1/.
Die wesentlichsten Innovationen von Bildaufzeichnungssystemen basieren in den letzten Jahren jedoch auf der Verwendung von Fotoleitern als lichtempfindliche Sensoren, die in Form von Dispersionen, Matrizen bzw. als Aufdampf- und Bindemittelschichten eingesetzt werden. Die Absorption von Licht im Fotoleiter erzeugt bewegliche Fotoelektronen im Leitungsband und entsprechende Defektelektronen im Valenzband. Für die Effektivität des bildprägenden Schrittes ist es erforderlich, die Bildung der Elektronen-Loch-Paare irreversibel zu gestalten. Dazu sind folgende Möglichkeiten vorhanden:
① Chemischer Abfang durch Redoxreaktionen an der Fotoleiteroberfläche bzw. im Fotoleiterkristall, wie sie in halbleiterfotografischen Systemen z. B. in der klassischen Silberhalogenidfotografie oder beim Fotodoping realisiert wird.
② Abfang (Neutralisation) durch aufgeprägte elektrische Ladungen z. B. bei elektrofotografischen Systemen.
③ Trennung durch lokale elektrische Felder in Foto- bzw. Halbleitern, die von eingebauten Potentialbarrieren (p/n-Übergänge, Metall-Halbleiter-Übergänge) hervorgerufen werden, z. B. bei elektronischen Bildaufnahmesystemen.
Im Gegensatz zu Variante ① sind bei Variante ② und ③ lichtempfindliche Schicht und Bildspeicher nicht mehr identisch, sondern liegen in örtlich getrennter Form vor. Daraus resultiert die Wiederholbarkeit des Bildprägeschrittes, erfordert jedoch bei den elektronischen Systemen die Zwischenspeicherung der elektrischen Signale auf geeigneten Speichersystemen.
Die Umwandlung von akustischen Signalen in elektrische Signale und deren Speicherung auf magnetische Datenträger ist eine seit vielen Jahren gebräuchliche Technologie im auditiven Bereich und soll nicht näher erläutert werden.
Mit der stürmischen Entwicklung der Computertechnologien in allen Bereichen des Lebens kommt der Speicherung und Archivierung von immer größeren Mengen an Daten eine zentrale Rolle zu. Bis heute sind dazu vor allem magnetische Massenspeicher im Einsatz.

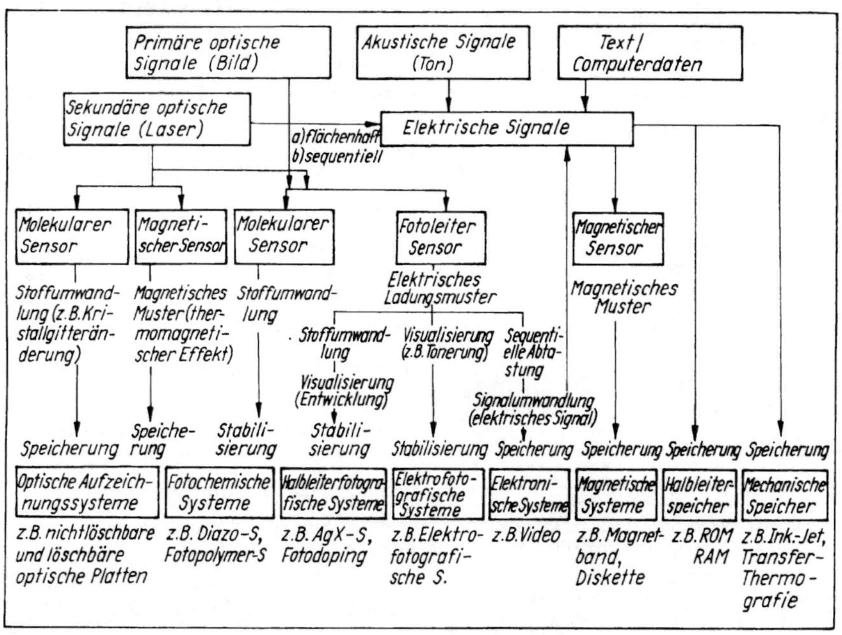

Bild 1 Übersicht ausgewählter Signalaufzeichnungs- und Speichersysteme

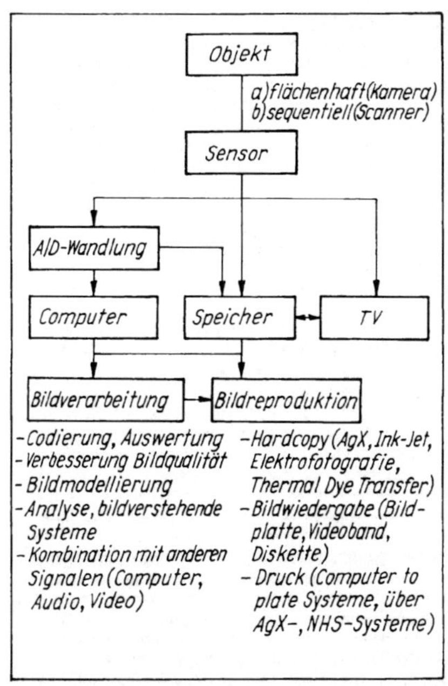

Bild 2 Anordnung Analog/Digital-Wandlung in Bildverarbeitungssystemen

Die Möglichkeit der Übertragung der elektrischen Signale in sekundäre optische Signale, d. h. der Steuerung von Elektronenstrahlen, Lasern oder Halbleiterdioden ermöglicht es, die Signalspeicherung auf völlig neue Aufzeichnungssysteme zu übertragen. Während COM-Systeme (Computer output on microfilm) die analoge Speicherung von Computerdaten auf Silberhalogenid- oder NHS(Nichthalogensilber-)-Materialien bereits mit hoher Effektivität ermöglichen, wobei in zunehmendem Maße die Direktbelichtung der Materialien mit Laserlicht realisiert wird, kommt der Signalspeicherung auf optischen digitalen Datenplatten für die Zukunft eine dominierende Rolle zu. Auch hier werden die bestechenden Eigenschaften des Lasers, seine hohe Fokussierung und seine hohe Energie genutzt, um die Signale nach bestimmten Verfahren zu speichern.

Die Technologien der optischen Datenspeicherung auf NHS-Materialien befinden sich gegenwärtig noch in der Entwicklung, so daß zur Zeit nicht genau gesagt werden kann, welche Systeme sich durchsetzen werden. Die größten Zukunftschancen haben die Systeme, welche auf dem magnetooptischen Effekt beruhen, da dadurch löschbare Datenträger realisierbar sind.

Eine stark zunehmende Bedeutung innerhalb der Signalaufzeichnungs- und Speichersysteme gewinnt die Digitalisierung von Signalen (Bild 2). Sie ermöglicht neben der wesentlichen Erhöhung der Qualität der Speicherung die direkte Verarbeitung durch den Computer bzw. die sofortige Verknüpfung von optischen, akustischen und Computersignalen. Signalspeicherung auf Magnetband oder -platte bzw. optischen Speicher, die enormen Möglichkeiten der Signalverarbeitung, die sich ständig erweiternden Varianten der Signalreproduktion und selbstverständlich die Möglichkeit der Betrachtung auf dem Bildschirm werden bereits in absehbarer Zeit komplexe Systeme der digitalen Video- und Audiokommunikation entstehen lassen.

3. Vergleichende Betrachtung der Leistungsfähigkeit einzelner Informationsaufzeichnungstechnologien

An die Informationsaufzeichnungsmaterialien werden hinsichtlich ihrer Applikation unterschiedliche Anforderungen gestellt. Zur Aufzeichnung primärer optischer Signale werden Materialien benötigt, die den Anforderungen der Kameraempfindlichkeit entsprechen. Das sind vor allem Silberhalogenidmaterialien und elektronische Systeme bzw. bereits stark eingeschränkt Fotopolymere und elektrofotografische Systeme (Bild 3).

Während sich in den vergangenen 150 Jahren die klassische Halogensilberfotografie frei von ernsthafter Konkurrenz durch silberfreie fotografische Systeme entwickeln konnte, erfolgt gegenwärtig die Herausforderung durch die elektronische Fotografie. Insbesondere die rasche Entwicklung der CCD-Matrizen (Bild 4) führte in einigen Anwendungsgebieten zu einer teilweisen Substitution der Silberhalogenidmaterialien durch elektronische Aufzeichnungssysteme /2/. Der Vergleich der Leistungsfähigkeit von Silberhalogenidschichten und CCD-Sensoren zeigt bei allen Vorteilen der elektronischen

Tafel 1 Vergleich der Leistungsfähigkeit von Silberhalogenidmaterialien und CCD-Sensoren bei ausgewählten Eigenschaften

	Color-Negativ-Kleinbildfilm (24 × 36 mm²), 100 ASA	CCD-Sensor (8 × 8 mm²), magnetische Speicherung auf 2"-Diskette
Sensorelement	Silberhalogenidkristalle Kristall ≠ Pixel	Siliziumkristall (Fotodiode)
Bildelement = Pixel	Silberhalogenidkristalle ca. 250 Mikrokristalle für 64 Halbtonstufen ≙ 1 Pixel	1 Fotodiode ≙ 1 Pixel
Pixelanzahl pro Bild (Durchschnitt)	ca. $3{,}8 \times 10^9$ Kristalle ≙ ca. 15×10^6 Pixel	ca. $0{,}4 \times 10^6$ Pixel/Chip
Informationsspeicher	Sensor = Speicher	Sensor ≠ Speicher magnetische Speicherung (Diskette, Band) optische Speicherung (OD) Festkörperspeicher/Kurzzeit und Einzelbild
Verstärkung	chemische Entwicklung, Verstärkungsfaktor 10^8–10^{10}	elektronische Verstärkung, Verstärkungsfaktor bis 10^4
Bilderzeugung	chemische Änderung des Sensors/ Silber- oder Farbstoffbild	· Bildschirmwiedergabe · Hardcopy mittels Printer
Informationskapazität	90×10^6 Bit/Bild	$2{,}4 \times 10^6$ Bit/Bild
Bildzugriffszeit	lang (chem. Entwicklung)	kurz

Tafel 2 Eigenschaften ausgewählter Arbeits- und Massenspeicher

Speichermedium	Speicherdichte (Bit/cm²)	Speicherplätze Kosten (Bit/cent)	Zugriffszeit (s)	Vor-/Nachteile
Arbeitsspeicher				
RAM	10^5–10^6	$5 \cdot 10^0$	10^{-6}–10^{-7}	flüchtig
CCD	10^5–10^6	$1 \cdot 10^1$	10^{-3}–10^{-5}	flüchtig
Magn. Blasenspeicher	10^6	$5 \cdot 10^1$	10^{-2}–10^{-3}	
Massenspeicher				
Magnetplatte	10^4–10^5	$2 \cdot 10^4$	10^{-1}–10^{-2}	
Magnetband	10^6–10^7	$2 \cdot 10^6$	10^0–10^1	
Optomech. Plattenspeicher	10^7–10^8	$2 \cdot 10^7$	10^{-1}–10^{-2}	nicht löschbar
Fotograf. Speicher	10^8–10^{10}	$1 \cdot 10^8$	$> 10^1$	nicht löschbar
Menschliches Gehirn	10^8		1 Bit/s (Langzeit) 50 Bit/s (Kurzzeit)	
Genetische Information	10^{14}		10^3 Bit/s	

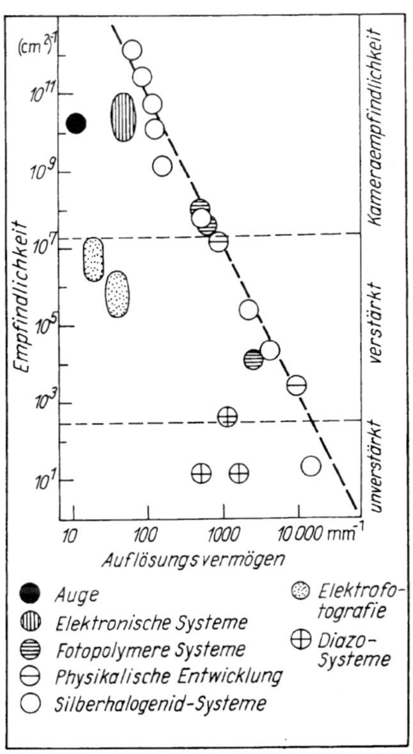

Bild 3 Vergleich des Empfindlichkeits-/Auflösungsvermögens verschiedener Signalaufzeichnungstechnologien

Bild 4 Schematischer Aufbau von CCD-Matrizen

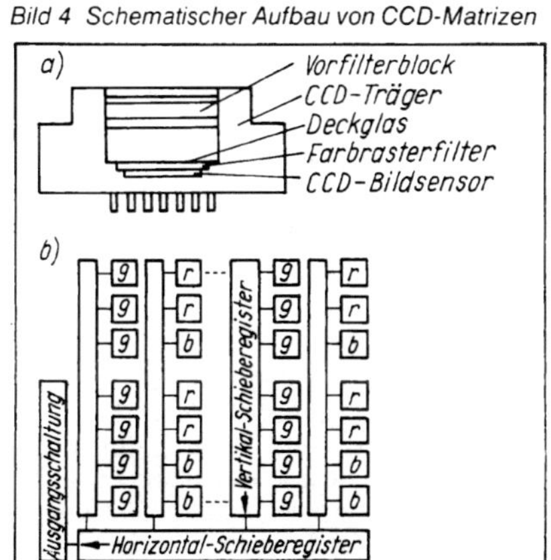

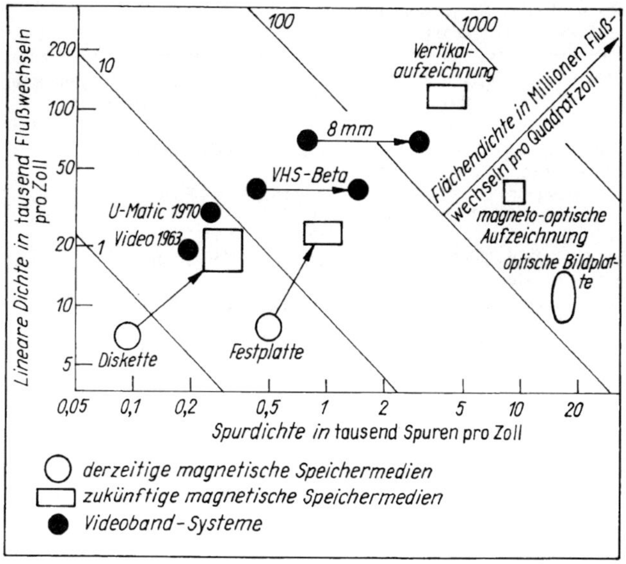

Bild 5 Leistungsfähigkeit gegenwärtiger und zukünftiger Massenspeicher

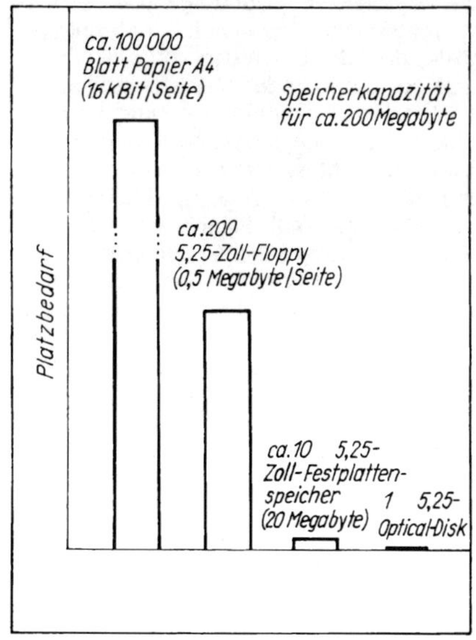

Bild 6 Schematischer Vergleich der Speicherkapazität ausgewählter Massenspeicher

Medien, wie schnelle Zugriffszeit und Wiederverwendbarkeit der Speicher, erhebliche Nachteile hinsichtlich der Empfindlichkeit bzw. des Empfindlichkeitsspektrums und vor allem der Abbildungsqualität (Tafel 1).

So wird sich die Silberhalogenidfotografie auch über das Jahr 2000 hinweg für viele Applikationen weiterhin behaupten, während elektronische Aufzeichnungssysteme die Silberhalogenidmaterialien ergänzen, auf einigen Gebieten verdrängen und neue Anwendungen erzielen.

Die Vorteile der Nichthalogensilbermaterialien liegen bei relativ niedrigen Empfindlichkeiten in den hohen Detailwiedergabeeigenschaften, verbunden mit sehr hohen Informationskapazitäten. Solche Materialien werden deshalb vorwiegend dort eingesetzt, wo genügend Licht vorhanden ist, also in Kopierprozessen oder beim Einsatz leistungsfähiger Lichtquellen wie Elektronenstrahlen oder Laser. Sie haben als „Spezialisten" auf bestimmten Anwendungsgebieten wie z. B. der Herstellung von Druckplatten, in COM-Systemen, in Laserdruckern bzw. in der Mikrolithografie eine hohe Effizienz erreicht und zu optimalen Applikationen geführt. Bei relativ geringen Speicherkosten muß jedoch die Nichtlöschbarkeit und die relativ hohe Zugriffszeit für die gespeicherte Information berücksichtigt werden.

Zur direkten Aufzeichnung elektrischer Signale, seien es Computerdaten oder transformierte akustische bzw. optische Signale, werden zwei Arten von Datenspeichern eingesetzt (Tafel 2)/3/:

a) Arbeitsspeicher mit mäßig hohen Datenvolumina (derzeit $\leqq 1{,}0 \cdot 10^6$ Bit je Einzelspeicher) und extrem kurzen Zugriffszeiten ($< 10^{-6}$ s). Zukünftig sind Arbeitsspeicher von 4 ... 16 Megabit zu erwarten.

b) Massenspeicher mit hohen Datenvolumina ($> 10^6$ Bit je Einzelspeicher und mittleren Zugriffszeiten ($> 10^{-4}$ s).

Die wichtigsten Massenspeicher sind derzeit die *magnetomotorischen Speicher*. Ihre Leistungsfähigkeit wird durch die realisierbare Anzahl von magnetischen Flußwechseln in der Spur (lineare Speicherdichte, Flußwechsel/mm, Bit/mm und die pro mm Speicherbreite anordenbare Anzahl von magnetischen Spuren) bestimmt. Daraus ergibt sich als wichtigstes Leistungskriterium die Flächenspeicherdichte (Flw/mm²). Bild 5 zeigt einen interessanten Vergleich gegenwärtiger und zukünftiger Speichermedien für die verschiedensten Applikationsgebiete.

Dr. rer. nat. Walter Kroha, Jahrgang 1950, absolvierte von 1971 bis 1975 ein Chemiestudium an der Technischen Hochschule „Carl Schorlemmer" Leuna-Merseburg. Seit 1975 ist er im Fachdirektorat für Forschung und Entwicklung in den Bereichen Grundlagenforschung, Synthese und Schwarzweiß-Materialien beschäftigt. 1981 Promotion A auf dem Gebiet der Dispergierung hydrophober Bauelemente. Seit 1987 ist Walter Kroha Bereichsdirektor für Erzeugnisentwicklung des VEB Filmfabrik Wolfen.

Dr. sc. nat. Harald Baumann, Jahrgang 1951, studierte Chemie von 1970 bis 1974 an der Technischen Hochschule „Carl Schorlemmer" Leuna-Merseburg. An der gleichen Hochschule war er ab 1974 wissenschaftlicher Assistent, ab 1979 Oberassistent. 1979 erfolgte Promotion A und 1986 Promotion B zu Fragen der Fotochemie. 1983/84 Zusatzstudium an der Moskauer Staatlichen Lomonossow-Universität. Seit 1984 ist Harald Baumann beschäftigt im Fachdirektorat für Forschung und Entwicklung des VEB Filmfabrik Wolfen als Leiter der Hauptabteilung Nichthalogensilbermaterialen.

Gegenwärtig dominiert noch die Aufzeichnung mit Magnetköpfen auf anisotropen magnetischen Medien für die Längsspeichertechnik, unter Nutzung von magnetischen Pigmenten eingebettet in einer Bindemittelmatrix. Die Tendenz geht zu immer kleineren Teilchengrößen der Pigmente (bei exakt definierter Teilchengeometrie) und höheren Koerzitivfeldstärken (Tafel 3).

Tafel 3 Ausgewählte Eigenschaften magnetischer Pigmente

Magnetisches Pigment	Kantenlänge [μm]	Koerzitivfeldstärke [A/cm]
Fe_2O_3	0,5	280–320
Co modif. Fe_2O_3	0,4	400–640
CrO_2	0,4	400–540
Fe	0,25	800 (1250)
Bariumferrit	0,08 × 0,03	600–1400
Metalldünnschicht	ca. 100 mm Schichtdicke	800–1400

Die mit den Methoden der *Dünnschicht-Technologie* hergestellten Speichermedien besitzen gegenüber den in Antragstechnik hergestellten Partikel-Polymer-Schichten einige Vorteile, wie z. B. Speicherdichten bis 10 Megabit/cm²; die technologische Herstellung und die Anwendung dieser Medien ist jedoch gegenwärtig noch sehr problematisch, so daß die Pigmentsysteme hinsichtlich ihrer Leistungsfähigkeit weiter entwickelt werden (z. B. Bariumferrit-Speicher). Die weitere Erhöhung der Speicherdichte von 20 Megabit/cm² und darüber hinaus soll mit sogenannten isotropen, das heißt richtungsunabhängigen, zum Beispiel kobaltdotierten Eisenoxidpartikeln, erreichbar sein.

Der Übergang zur *Vertikalspeicherung* (Bild 5) ermöglicht eine weitere Erhöhung der Speicherdichte. Die Vorteile der Vertikalaufzeichnung bestehen in der wesentlich verringerten Gefahr der Selbstentmagnetisierung und der erhöhten Packungsdichte der Magnetpigmente durch ihre Ausrichtung vertikal zur Oberfläche des Trägermaterials. Bei prinzipieller Beibehaltung der Beschichtungstechnologie und der Schreib-/Lese-Köpfe sind Speicherdichten bis 40 Megabit je cm² denkbar.

Der Einsatz der magnetischen Materialien kann entsprechend den unterschiedlichen Anwendungsgebieten als Festplatte, Floppy, Datenband oder Videoband erfolgen.

Die stürmische Entwicklung der Lasersysteme ermöglicht eine neue Speichertechnologie, die sogenannte *optische Speicherung* /4, 5, 6, 7/. Die Hauptvorteile der optischen Datenspeicherung gegenüber der magnetischen ergeben sich aus der Verwendbarkeit von Laserstrahlen zum Aufzeichnen und Auslesen der Informationen und damit um den Faktor 10 höhere Spurdichte (Bild 6) und ein berührungsloses Aufzeichnen und Auslesen der Informationen. Die gegenwärtigen optischen Speicher kann man wie folgt klassifizieren:

■ Nichtlöschbare optische Nur-Lese-Speicher (CD-ROM – Compact Disc-Read Only Memory). Die Herstellung einer Masterplatte mittels Laserverfahren und die Produktion einer größeren Anzahl von Duplikaten nach bestimmten Verfahren (z. B. Prägen) erfolgt beim Plattenhersteller /8/.

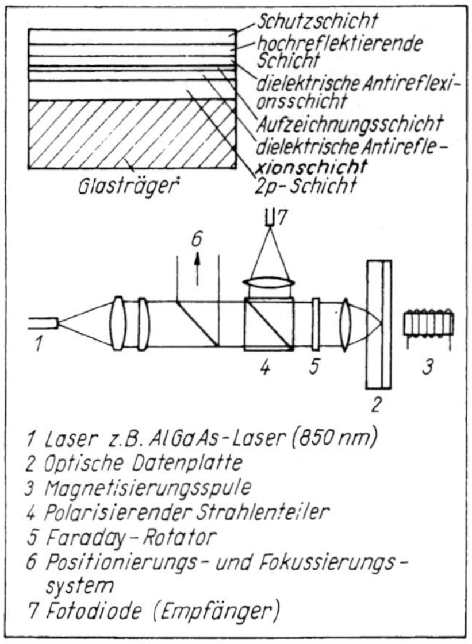

Bild 7 Schematischer Aufbau einer optomagnetischen Datenplatte und prinzipielle Funktionsweise der Datenein- und Ausgabe

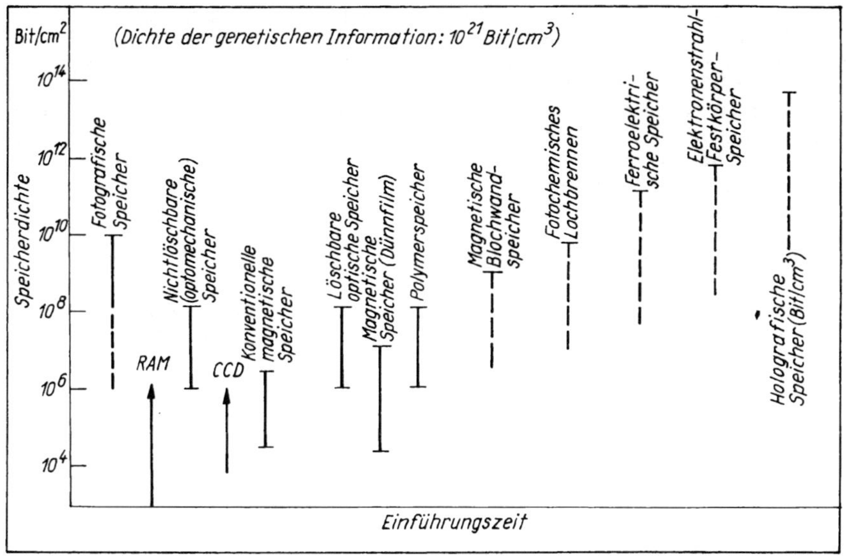

Bild 8 Entwicklungstendenzen bei Massenspeichern

■ Nichtlöschbare optische Speicher (DRAW – Direct Read After Write bzw. O-ROM – Optical Read Only Memory). Die Dateneingabe erfolgt durch den Nutzer. Diese einmal beschreibbaren Speicher nutzen die thermische Einwirkung eines fokussierten Laserstrahls (ca. 10 mW, Impulslänge ca. 50 ns) zur Schichtveränderung. Das Auslesen erfolgt mit einem Laser geringerer Intensität (ca. 0,6 mW) unter Ausnutzung des geänderten Reflexions- bzw. Lichtstreuverhaltens der Löcher, Blasen oder Vertiefungen.

■ Die größten Zukunftschancen haben die löschbaren optischen Speicher (E-DRAW – Erasable DRAW) mit ca. 200–500 Megabit/cm^2 (zum Vergleich besitzt ein Megabit-Halbleiterspeicher eine Speicherdichte von maximal 2 Megabit/cm^2).

Hier zeichnen sich folgende Entwicklungsrichtungen ab:

● Magneto-optische Speicher, bestehend aus dünnen Schichten mit reversibel umkehrbaren Magnetisierungsrichtungen, die beim Auslesen die durch den Kerr- oder Faraday-Effekt bewirkte Drehung der Polarisationsebene des Lichtes nutzen /9/ (Bild 7).

● Optische Speicher, die auf reversiblen Phasenübergängen amorph/kristallin metallischer bzw. metalloxidischer Schichten basieren.

● Optische Speicher, welche die durch Laser bewirkte reversible Farb- und/oder Reflexionsänderung ausnutzen.

Die Lösung der vielfältigen Probleme der optischen Datenplatten (Speicherschicht, Gerät, Computerschnittstellen usw.) könnte bereits in absehbarer Zeit zu einem Durchbruch dieser Innovation mit breiter Massenanwendung führen.

Für die weitere Zukunft sind Speicher mit Dichten über 10^8 Bit/cm^2 (Bild 8), z. B. magnetische Blochwand-Speicher bis 10^9 Bit/cm^2 oder Elektronenstrahl-Festkörper-Speicher bis 10^{12} Bit/cm^2 sowie Systeme mit 3dimensionaler Speichermöglichkeit (z. B. holografische Speicher) mit theoretischen Speicherdichten von 10^{14} Bit/cm^3 zu erwarten /3, 7/.

Damit erreichen diese Speicher Werte der klassischen optischen Speicher in Form von Silberhalogenidschichten von 10^7 bis 10^8 Bit/cm^2 beziehungsweise Diazomaterialien von 10^{10} Bit/cm^2.

4. Signalaufzeichnungsverfahren und Anwenderbedürfnisse

Die unterschiedlichsten Anwenderbedürfnisse für Bild-, Ton- und Datenspeicherung haben zu den verschiedensten Applikationsfeldern der beschriebenen Informationsaufzeichnungsmaterialien geführt, denn keines der Informationsaufzeichnungssysteme ist in der Lage, alle Anwenderforderungen gleichermaßen zu erfüllen. Überwiegend sind in den einzelnen Applikationsgebieten mehrere Aufzeichnungssysteme vertreten, welche häufig in Konkurrenz zueinander stehen. Tritt nun auf einem Applikationsfeld ein durch die Anwendung neuer Wirkprinzipien gekennzeichnetes Signalaufzeichnungssystem auf, wird sofort die Frage nach der Verdrängung der konventionellen Systeme gestellt und dies häufig sehr kontrovers diskutiert. Das war Ende der 60er, Anfang der 70er Jahre beim Auftreten neuer silberfreier fotochemischer Informationsaufzeichnungsmaterialien der Fall, wird gegenwärtig mit der Darstellung neuer elektronischer Stehbildkameras erneut diskutiert und ist bei der Diskussion der Datenspeicherung auf Band oder Diskette oder optischer Datenplatte aktuell. Charakteristisch für den Sektor Informationsaufzeichnungstechnologien ist jedoch in den meisten Fällen ein Nebeneinander konventioneller und neuer Technologien, und nur in wenigen Fällen (z. B. Ersatz des Silberhalogenidmaterials durch die Xerografie auf dem Büroko-

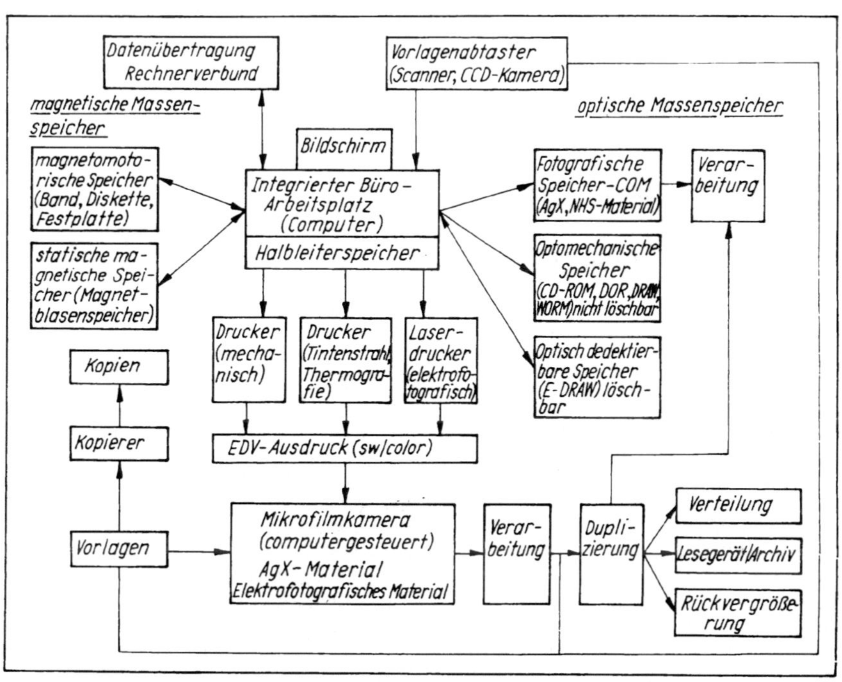

Bild 9 Hybridsysteme bei integrierten Büro-Arbeitsplatz-Computern

piersektor) erfolgte eine vollständige Verdrängung konventioneller Systeme (das hat natürlich nichts mit Sortimentsbereinigungen wie z. B. auf dem Amateurvideogebiet zu tun).
Neben dem parallelen Einsatz konventioneller und neuer Informationsaufzeichnungssysteme und deren rascher Entwicklung zu ausgereiften Technologien bieten sich interessante Lösungen an, welche die Vorteile der konkurrierenden Informationsaufzeichnungstechnologien unter Nutzung von Teilelementen beider Technologien verbinden, um so zu neuen Qualitäten zu kommen. Derartige Hybridsysteme, wie sie auch bei verschiedenen anderen technischen Systemen bekannt sind (wie z. B. Verbrennungs- und Elektromotoren als Hybridsysteme in Kraftfahrzeugen, Einsatz monolithisch integrierter Schaltkreise und diskreter Bauelemente in Hybridschaltkreisen, hybridfaseroptische Sensoren mit elektrischem Aufnehmer und optischer Übertragung) existieren bereits seit einigen Jahren auf dem Sektor der Informationsaufzeichnungstechnologien, und ihre Bedeutung wächst ständig/10/.
Auch bei integrierten Arbeitsplatz-Computern (Bild 9), welche zur Rationalisierung von Verwaltungsarbeiten, der Informationsverarbeitung, in Konstruktionsbüros oder zur Steuerung von Produktionsanlagen in verschiedensten Gerätekonfigurationen eingesetzt werden, setzen sich zunehmend Hybridsysteme durch. Neben den in den Rechnern integrierten Halbleiterspeichern kommt der Massenspeicherung von Daten eine dominierende Rolle zu: Die Massenspeicher weisen im Vergleich zu den Halbleiterspeichern wesentlich geringere Kosten je Speicherplatz auf und können zudem die Daten ohne Energiezufuhr über lange Zeiträume erhalten. Die externen Speicher lassen sich im Prinzip uneingeschränkt erweitern und bei Großrechnern um einige 1000mal größer gestalten, als die interne Kapazität von einem bis mehreren Megabyte.
Die Basis der Massenspeicherung maschinenlesbarer Daten und Informationen bildet bis heute die magnetomotorische Aufzeichnung auf Bändern, Disketten und Platten /11, 12, 13, 14/, wobei letztere das Spitzenniveau von 4 Megabit/cm^2 erreichen. Der Einsatz reicht von 14-Zoll-Standgeräten mit einer Kapazität von 0,2 ... 5 Gigabyte für Großrechner bis zu 3,5-Zoll-Geräten mit Kapazitäten von 6 ... 50 Megabyte für Arbeitsplatzcomputer. 8-Zoll-Festplattenlaufwerke ermöglichen z. Z. in Verbindung mit modernsten Mikroprozessoren die Realisierung der 16-Bit- und 32-Bit-Kompaktrechner.
Trotz der zunehmenden Bedeutung von Festplattenspeichern haben auch Diskettenspeichergeräte in absehbarer Zeit ihre Existenzberechtigung, wobei hier die Entwicklung von 5¹/₄-Zoll- auf 3,5-Zoll-Technologie bei Erzielung der Kapazitäten von 8-Zoll-Disketten von ca. 1,6 Megabyte bevorsteht.
Aber auch die klassische Magnetspeichertechnologie ist nach wie vor zur Datensicherung und -archivierung in sogenannten back-up-Systemen vorerst unerläßlich.
Statische magnetische Speicher wie Magnetblasenspeicher behaupten bisher keine starke Marktposition, könnten jedoch bei Speicherkapazitäten von ca. 64 Megabit gegen Ende des Jahrzehnts an Bedeutung gewinnen.
Zunehmende Bedeutung erlangen jedoch die optischen Massenspeicher infolge ihrer hohen Speicherkapazität. Während die COM-Systeme einen festen Platz insbesondere als Langzeitarchivmedium einnehmen und hinsichtlich der Speicherkosten den magnetischen Speichern etwas, den derzeit vorliegenden optischen Speicherplatten stark überlegen sind, werden sich optische Speicherplatten insbesondere dort durchsetzen, wo zu ergänzende und zu aktualisierende Informationen gespeichert werden sollen bzw. mehrere Anwender zur gleichen Zeit zugreifen müssen. Interessante Anwendungsgebiete ergeben sich ebenfalls in CAD/CAM-Systemen, bei der Langzeitspeicherung von EDV-Daten und nicht zuletzt in allen beschriebenen Bildbearbeitungssystemen. Die neuen Möglichkeiten der optischen Informationssysteme mit Bilderfassung über Dokumenten-Scanner, Kameras, Filmscanner, Wiedergabe auf hochauflösenden Bildschirmen und Faksimiledruckern, Verteilung über leistungsfähige optische Netze (Glasfaserkabel), Anschluß von Text-, Satz- und Faxsystemen und im Zentrum der Speicherung auf optischen Platten, Silberhalogenid- oder NHS-Materialien bzw. magnetischen Speichern gilt es, die ganze Aufmerksamkeit zu schenken.

Literatur

/1/ Silberfreie Bildaufzeichnungssysteme – Ergänzung oder Alternative?/Böttcher, H.; Görgens, E.: Chem. Techn. 37 (1985) 137
/2/ Der CCD-Chip im Detail/Liebert, H. P.: Funkschau, (München) 18 (1986) 46
/3/ Polymere als Träger und Speicher von Informationen/Kämpf, G.: Ber. Bunsen Ges. Phys. Chem. 89 (1985) 1179
/4/ Optische Speicherplattensysteme: Die Kosten-Nutzenbarriere ist noch sehr hoch/Bauernfeind, U.: Mikrodok 5 (1986) 156
/5/ Optische Datenspeicher auf plattenförmigen Speichermedien/Bergmann, H.: Bild und Ton 39 (1986) 19
/6/ Digital-optische Verfahren zur Datenspeicherung/Kusch, S.; Bohm, J.: Bild und Ton 40 (1987) 79
/7/ Digitale Speichermedien der Zukunft/Engemann, J.: Fernseh- und Kinotechnik 41 (1987) 33
/8/ Zur Einordnung der Compact-Disc/Hohmuth, G.: Bild und Ton 40 (1987) 28
/9/ Signalaufzeichnung in magnetooptischen Schichten: Bohm, J.: Kusch, S.: J. Inf. Rec. Mater. 14 (1986) 235
/10/ Hybridlösungen bei Informationsaufzeichnungssystemen (I)/Kroha, W.; Witt, W.: Bild und Ton 40 (1987) 337
/11/ Über die zukünftige Entwicklung magnetomotorischer Speichermedien/Stopperka, K.: Bild und Ton 40 (1987) 19
/12/ Eigenschaften und Möglichkeiten magnetomotorischer Speichermedien/Siakou, M.: J. Signal AM 9 (1981) 345
/13/ Zur Perspektive magnetomotorischer Speicher/Völz, H.: J. Signal AM 9 (1981) 333
/14/ Plattenspeicher – Stand und Entwicklungstendenzen/Salzmann, G.: J. Inf. Rec. Mater. 14 (1986) 245

✉ KONTAKT ☏

VEB Filmfabrik Wolfen
Dr. W. Kroha, Puschkinstraße 1, Wolfen, 4440

Plattenspeicher

Stand und Entwicklungstendenzen

Dr. Günter Salzmann
VEB Robotron-Elektronik Dresden,
Direktionsbereich Wissenschaft und Technik

1. Magnetomotorische Plattenspeicher

1.1. Systemtechnische Aspekte

Nach wie vor wird die Leistungsfähigkeit elektronischer Daten- und Informationsverarbeitungssysteme in starkem Maße von der Ausstattung mit Speichern der ersten Peripherie bestimmt. Dafür sind Speicher großer Kapazität mit wahlfreiem Blockzugriff und kurzen Zugriffszeiten erforderlich, die eine hohe Zuverlässigkeit, geringe Fehlerrate und einen günstigen Preis aufweisen. Diese Forderungen lassen sich bis heute am besten mit magnetomotorischen Plattenspeichern erfüllen, wobei sich der Festplattenspeicher in Winchestertechnologie weitestgehend durchgesetzt hat. Da das Platte-Kopf-System in Reinraumatmosphäre betrieben wird, konnten die Speicherdichte und eine Reihe weiterer Leistungsparameter ständig verbessert werden.
Die Entwicklung vollzieht sich außerordentlich schnell, nicht zuletzt durch die Besonderheit begünstigt, daß das Speichermedium nicht austauschbar ist. Damit entsteht ein relativ großer Freiraum für Neuentwicklungen ohne Einschränkungen durch offene Standardisierungsfragen oder Begrenzungen durch kritische Passungen. Es genügt, bestimmte Kompatibilitätsforderungen einzuhalten, was keine besonderen Schwierigkeiten bereitet.

1.2. Platte-Kopf-Paarung

1.2.1. Entwicklung der Speicherdichte

Wesentlichste Grundlage des technischen und ökonomischen Fortschritts bei Plattenspeichern ist die Erhöhung der Speicherdichte. Aus der Entwicklung der letzten Jahrzehnte ist abzuleiten, daß die Flächenspeicherdichte in 10 Jahren um eine Größenordnung zunimmt, was einer Verdopplung in 2 bis 3 Jahren entspricht /1/, /2/. In den Jahren 1984–1986 lagen die Höchstwerte bei 34000 ... 38000 Bit/mm^2, repräsentiert beispielsweise durch die 5¹/₄"-Geräteserie EXT 4000

von Maxtor und Megafile von Siemens sowie die 2,6-MByte-Spindel 3380E von IBM auf der Basis von 14"-Platten. Mit Erscheinen der 5¹/₄"-Baureihe EXT 8000 von Maxtor, bei welcher die Speicherdichte 67000 Bit/mm² beträgt, bestätigte sich diese Regel Anfang 1987 erneut.
Das für eine Speicherdichte > 3000 Bit/mm² erforderliche technologische Niveau wird wesentlich durch den Einsatz von Metalldünnschichtplatte und teilweise Dünnschicht-Magnetkopf geprägt. Aber auch verbesserte Signalverarbeitungsverfahren und Servosysteme für die Spurpositionierung sowie höhere mechanische Präzision leisten dazu einen Beitrag.

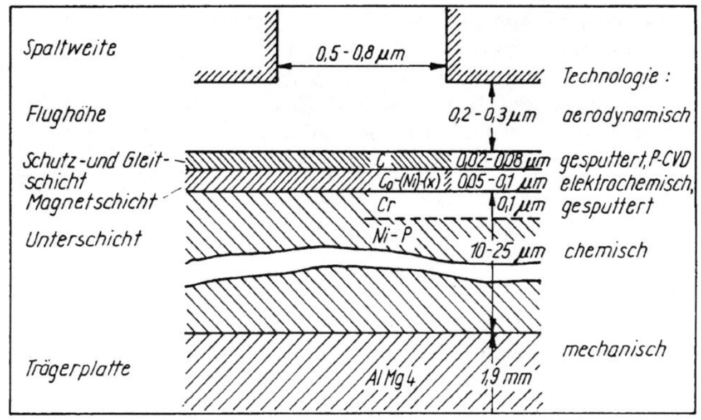

Bild 1 Kopf-Platte-Paarung mit Metall-Dünnschichtmedium für Speicherdichten bis etwa 40000 Bit/mm²

1.2.2. Fortschritte bei der Plattentechnologie

Gegenüber der Partikelschicht auf Basis γ-Fe^2O_3 hat die metallische Speicherschicht den Vorteil einer wesentlich höheren Sättigungsmagnetisierung, des geringeren effektiven Arbeitsabstandes, das heißt des Abstandes Kopfspiegel bis Mitte der Speicherschicht bei gegebener Flughöhe des Magnetkopfes, eines größeren Wiedergabesignals und eines kleineren Rauschpegels, woraus eine höhere Speicherdichte resultiert /3/. Die Grundparameter einer typischen Platte-Kopf-Paarung für das Niveau 30000 ... 40000 Bit/mm² veranschaulicht Bild 1. Auf der AlMg-Trägerplatte wird eine Ni-P-Schicht chemisch niedergeschlagen. Sie dient zur Verbesserung der Härte, Polierfähigkeit und chemischen Beständigkeit sowie zur Isolation von Fehlstellen der Trägerplatte. Da die zu erreichenden magnetostatischen Parameter der Speicherschicht eine definierte Textur der Unterlage erfordern, ist im allgemeinen auf der polierten Ni-P-Unterschicht eine weitere Zwischenschicht notwendig. Dafür hat sich Chrom als geeignet erwiesen. Als Speicherschicht wird üblicherweise eine Zwei- oder Dreikomponentenlegierung mit Cobalt als Hauptbestandteil und H_c = 450 bis 700 A/cm eingesetzt.
Entscheidend für die Betriebssicherheit und Lebensdauer des Speichermoduls ist eine geeignete Schutz- und Gleitschicht. Sie muß einen geringen Reibungskoeffizienten aufweisen, mindestens 10000 Start-Stopp-Zyklen des Magnetkopfes ohne nennenswerten Verschleiß überstehen und ausreichenden Korrosionsschutz bieten. Hierfür hat sich in den letzten Jahren Kohlenstoff als günstiges Material erwiesen, der im Sputter- oder Plasma-CVD-Verfahren aufgebracht wird und dessen Eigenschaften durch das technologische Regime in weiten Grenzen einstellbar sind /4/.
Neben den speichertechnisch relevanten Parametern der Platte-Kopf-Paarung sind bei einer Flughöhe von 0,2 ... 0,3 µm sehr hohe Anforderungen an die mechanische Oberflächengüte und Fehlerfreiheit der Platte zu stellen /5/. Die maximale Rauhigkeit und singuläre Oberflächenerhebungen dürfen über den gesamten Nutzbereich der Oberfläche ca. 0,1 µm nicht überschreiten. Metalldünnschichtplatten werden seit 1983/1984 in größeren Stückzahlen vor allem für 5¹/₄"-Laufwerke im oberen Leistungsbereich produziert. Die Speicherschicht wurde bisher vorwiegend chemisch oder galvanochemisch niedergeschlagen. Zunehmend findet die Sputtertechnologie Anwendung, von der bessere Steuerbarkeit und Flexibilität der technologischen Prozeßschritte sowie höhere Ausbeute erwartet werden. Trendeinschätzungen besagen /6/, daß 1988 die Sputtertechnologie bereits vorherrschend sein und bezüglich der produzierten Plattenstückzahl die γ-Fe_2O_3-Partikelschichten überholt haben wird (Bild 2).
Eine bemerkenswerte Neuentwicklung auf dem Gebiet der Plattentechnologie ist die SSR-Platte (Stretched Surface Recording). Träger des Schichtsystems ist eine Folie, die im Abstand von 0,3 µm über einen festen Plattenkern gespannt wird. Diese zunächst für das 5¹/₄"-Format verfügbare Platte läßt sich relativ billig herstellen und bietet eine höhere Sicherheit bezüglich der durch Schmutzpartikel entstehenden Gefahr von Kopf-Platte-Havarien. Die SSR-Platte läßt sich sowohl für Winchesterspeicher wie auch als Wechselkassette einsetzen, ähnlich einer Diskette erhöhter Kapazität.

1.2.3. Dünnschichtmagnetkopf

Wachsende Bedeutung für die hochdichte Speicherung wird der Dünnschichtmagnetkopf erlangen. Auf Grund des noch hohen Preises und der beschränkten Verfügbarkeit wird er gegenwärtig nur in Hochleistungsgeräten eingesetzt. Gemäß Bild 3 werden die Magnetschenkel aus hochpermeablen NiFe-Schichten gebildet. Die technischen Vorteile dieses Kopftyps im Vergleich zum Ferritkopf liegen in der höheren Sättigungsmagnetisierung, in einer geringeren Induktivität und einem guten Wirkungsgrad bei kleinen Spaltweiten. Im Herstellungsprozeß sind Elemente der mikroelektronischen Technologien nutzbar, insbesondere für die Strukturierung. Die Forderung nach einer großen inneren Spaltweite im Bereich der Kopfwicklung führt funktionell bedingt zu einem dreidimensionalen Gebilde. Anders als in der Mikroelektronik sind auch die Materialien, die Schichtdicken und das Substrat. Wie Bild 4

2

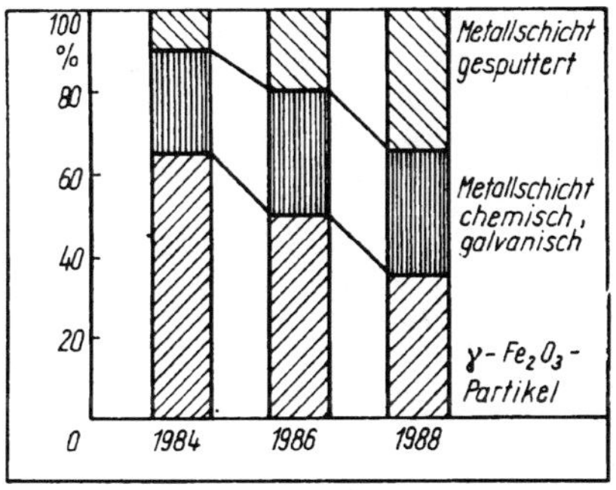

3

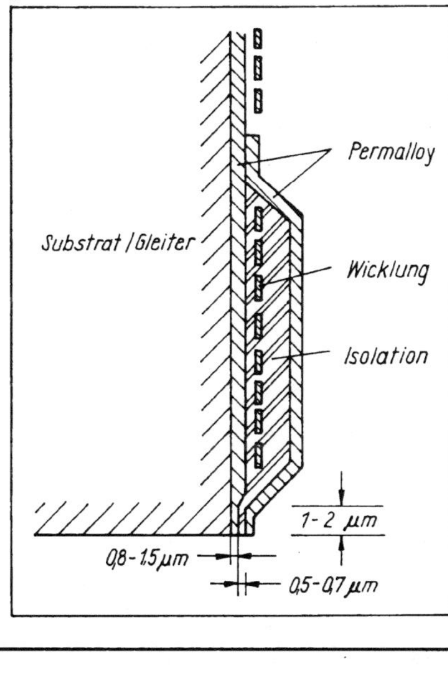

4

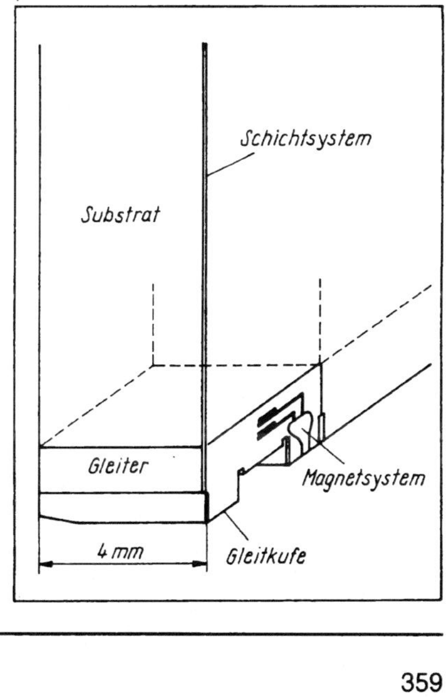

Bild 2 Entwicklung der Magnetschichtentechnologien bei Winchesterplatten

Bild 3 Prinzipieller Aufbau eines Winchester-Dünnschichtkopfes (Querschnitt)

Bild 4 Gleitertechnologie beim Winchester-Dünnschichtkopf

veranschaulicht, wird aus dem Substrat der Gleitkörper herausgearbeitet /7/. Das erfordert ein Substrat von 4 mm Dicke und spezielle Materialeigenschaften, die den Belastungen durch die mechanische Bearbeitung und durch die Start-Stopp-Vorgänge gewachsen sind.

1.3. Weiterentwicklung der Gerätetechnik

1.3.1. Winchesterlaufwerke und Speichergeräte

Die Entwicklung der Plattenlaufwerke vollzieht sich in bestimmten Schritten, die sich nach dem zu einem gegebenen Zeitpunkt beherrschten technologischen Niveau richten, und im Rahmen bestimmter Geräteklassen, die sich nach system- und anwendungstechnischen Erfordernissen herausgebildet haben. Die gebräuchlichen Geräteklassen und den gegenwärtigen technischen Stand charakterisiert Tafel 1. Der Fortschritt bei der Beherrschung größerer Speicherdichten wird genutzt, um die Speicherkapazität innerhalb der jeweiligen Geräteklasse bei verringerten relativen Speicherkosten zu erhöhen oder die Laufwerkabmessungen zu verkleinern. Das führt international zu einer ständigen Verschiebung der Kapazitätsbereiche in den Geräteklassen und deren Anwendungsgebieten. Der erreichte Stand bei den 8″-Laufwerken ermöglicht, damit die 14″-Geräte bis 330 MByte vollständig abzulösen. Auch die 5¼″-Laufwerke reichen bereits in diesen Kapazitätsbereich hinein. Sie sind in Einzelfällen auch bezüglich der für Mehrnutzersysteme und Multitaskverarbeitung wichtigen Zugriffszeit konkurrenzfähig. Als Alternative zu den 14″-Geräten haben im oberen Kapazitätsbereich auch Laufwerke mit 9″ und 10,5″ Plattendurchmesser in den letzten Jahren Bedeutung erlangt.

In der DDR wurden vom VEB Kombinat Robotron die Festplattenspeicher K 5501 mit 39 MByte Speicherkapazität und K 5502 mit 160 MByte (unformatiert) entwickelt. Die 4 Speicherplatten verwenden ein metallisches Dünnschicht-Speichermedium, das auf elektrochemischem Wege hergestellt wird. Die Geräte sind in Einschubbauweise mit dem Standardinterface SMD ausgeführt und vorwiegend für den Einsatz in Kleinrechnern vorgesehen.

1.3.2. 5¼″-Laufwerke

Nach wie vor ist eine außerordentlich hohe Entwicklungsdynamik in der Klasse der 5¼″-Laufwerke zu verzeichnen. Der Rahmen ist durch folgende Industriestandards abgesteckt:

Günter Salzmann ist im Kombinat Robotron Dresden an Forschungsaufgaben zu magnetischen Plattenspeichern tätig. Nach seinem Studium an der Technischen Universität Dresden, Fakultät für Elektrotechnik, promovierte er auf dem Gebiet der Mikrowellentechnik. Er war an Forschungsaufgaben zu magnetischen Dünnschicht-Operativspeichern, zur optischen Zeichen- und Informationsverarbeitung sowie zur Klein- und Mikrorechentechnik beteiligt.

Brutto-Spurkapazität: k × 10416 Byte
Netto-Spurkapazität: k × 8192 Byte
Datenübertragungsrate: k × 5 MBit/s
Interface:
ST 506/412 für k = 1
ESDI oder SCSI für k ≧ 2
Abmessungen:
5¼″-Formfaktor mit 83 mm × 146 mm × 203 mm oder slim-line mit 41 mm Höhe.

Die Mehrzahl der Laufwerke wird gegenwärtig mit k = 1 für Kapazitäten von 20–40 MByte und in slim-line-Ausführung hergestellt. Sie werden vor allem in Personalcomputern eingesetzt. Überwiegend kommen γ-Fe_2O_3-Partikelschichten und Ferritköpfe zur Anwendung. Für gehobene Leistungsansprüche sind Laufwerke um 80 MByte mit k = 1 und k = 2 üblich, wobei im letzteren Fall hauptsächlich Metallschichtplatten eingebaut werden. Als nächster Konzentrationspunkt zeichnet sich der Kapazitätsbereich um 170 MByte mit k = 2 ab.

Als erstes Erzeugnis im Niveau k = 3 brachte die Firma Maxtor Anfang 1987 die Serie EXT 8000 heraus /8/. Mit 8 Platten werden eine Kapazität von 760 MByte und eine mittlere Positionierzeit von nur 18 ms realisiert. Bei einer Längsspeicherdichte von 1240 Bit/mm und 54 Spuren/mm beträgt der gegenwärtige Spitzenwert der Flächenspeicherdichte 67 000 Bit/mm².

1.3.3. 3,5″-Laufwerke

Die Klasse der 3,5″-Laufwerke hat sich zu einem Entwicklungsschwerpunkt herausgebildet. Da bezüglich des Datenformats und des Interfaces aus anwendertechnischen Gründen Kompatibilität zu den 5¼″-Laufwerken zu fordern ist, war ein ausreichendes Niveau der Speicherdichte, insbesondere eine Längsdichte um 500 Bit/mm, Voraussetzung dafür, daß sich diese Geräteklasse etablieren konnte. Aus diesem Grunde und unter Berücksichtigung künftiger Anforderungen sind überwiegend Metallschichtplatten in Gebrauch, die größtenteils in Sputtertechnologie hergestellt werden. Der 3,5″-Formfaktor mit den Abmessungen 41 mm × 102 mm × 146 mm ist wie üblich durch die Diskettenspeicher vorgegeben und gestattet, beim jetzigen Stand der Technologie bis 4 Platten unterzubringen. Mit einer Speicherdichte von 21 000 Bit/mm² bei k = 1 ergibt das als gegenwärtigen Spitzenwert 53 MByte. Während bislang in der 3,5″-Geräteklasse ausschließlich die Schrittmotorpositionierung mit mäßigen Zugriffszeiten zur Anwendung kam, hat nunmehr die Einführung des Tauchspulantriebs begonnen. Damit wurden bereits mittlere Positionierzeiten von 25 ms erreicht.

Die geringen Abmessungen der 3,5″-Laufwerke haben 1986 zu einer interessanten Lösung für die Leistungserhöhung des weitverbreiteten IBM-PC geführt. Auf eine Steckkarte der Größe 106 mm × 342 mm zusammen mit dem Controller montiert, läßt sich der Rechner auf einfachste Weise durch einen Plattenspeicher der Kapazität 10 MByte oder 20 MByte (formatiert) aufwerten /9/. Da die Leistungsaufnahme nur ca. 10 W beträgt, kann die Stromversorgung direkt über die Betriebsspannungen des Rechners erfolgen.

Es ist zu erwarten, daß in Kürze 3,5″-Laufwerke Kapazitäten bis 100 MByte erreichen. Damit werden in diesem Bereich im Verlaufe der nächsten Jahre die 5¼″-Laufwerke weitgehend abgelöst. Die weiteren Entwicklungsmöglichkeiten zeichnen sich mit der erfolgten Ankündigung eines 170-MByte-Gerätes ab.

1.3.4. Effektivierung des Datenaustausches

Das gestiegene Leistungsvermögen der Mikrorechner und der Schaltkreistechnologien ermöglicht und erfordert, effektivere Methoden des Datenaustausches auch in der Welt der Mikrorechner-Peripherie anzuwenden. Dementsprechend haben in den letzten Jahren das SCSI (Small Computer System Interface) bzw. der SCSI-Peripheriebus nach ANSI ANSC X 3T9.2 starke Verbreitung gefunden /10/. An den SCSI-Bus sind 8 Geräte verschiedener Art anschließbar. Der Datenverkehr erfolgt über komplexe Kommandos mit einer Geschwindigkeit bis 1,5 MByte/s asynchron oder bis 4 MByte/s synchron. Die Ausnutzung dieser hohen Übertragungsraten erfordert bei den motorischen Speichergeräten die Zwischenschaltung von Halbleiter-Pufferspeichern. Ein weiterer Effektivitätsgewinn läßt sich durch überlappten Zugriff erreichen, sofern mehrere adressierbare Geräte aktiv sind.

Die Verwendung der SCSI-Schnittstelle bedeutet zugleich, daß ein Großteil der Controllerfunktionen in das Speichergerät verlagert wird. Das führt zu einer Entlastung des Hostrechners und zu einem Peripheriegerät mit „Intelligenz". Bei den Winchesterspeichern hat die SCSI-Schnittstelle vor allem für 5¼″-Laufwerke Bedeutung erlangt, wird aber auch schon in die 3,5″-Geräteebene eingeführt. Durch den Einsatz hochintegrierter Spezialschaltkreise kann auch mit dieser Erweiterung der jeweilige Formfaktor eingehalten werden.

Eine Verkürzung der effektiven Zugriffszeit läßt sich durch das Prinzip des Cache-Speichers erreichen. Hochleistungs-Controller ermöglichen den Anschluß von 4 Laufwerken mit ESDI-Schnittstelle (Enhanced Small Disc Interface) und arbeiten mit Cache-Speichern

Tafel 1 Charakteristik der Geräteklassen bei Winchesterspeichern

Plattengröße	356 mm (14″)	356 mm (14″)	200 mm/210 mm (8″)	130 mm (5¼″)	95 mm (3,5″)
Anwendung	EDVA	Kleinrechner	Kleinrechner / Supermikros	Supermikros / AC, PC	AC, PC
Bauform	Standgerät	19″-Einschub	Einbaulaufwerk / Subsystem	Einbaulaufwerk / Subsystem	Einbaulaufwerk
Kapazität [MB]	300–5000	160–800	50-800	25–760	12–170
Masse [kg]	300–500	40–60	6–14	1,5–5	1
Volumen [dm³]	800–1900	40–85	8–11	1,2; 2,4	0,6

von 1 MByte, aufrüstbar bis 16 MByte /10/, /11/.
Die Preis- und Kapazitätsentwicklung bei den 5¼"- bis 8"-Laufwerken ermöglicht, unter Verwendung mehrerer Laufwerke Speichersubsysteme mit Kapazitäten > 1 GByte zu realisieren und mit Vorteil bei Kleinrechnern und mittleren EDVA anstelle von 14"-Geräten einzusetzen.

2. Back-up-Speicherung

2.1. Anwendungstechnische Erfordernisse

Mit dem breiten Einsatz immer größerer Festplattenspeicher wächst der Bedarf an adäquaten Mitteln zur Datensicherung, zum Datenaustausch und zur Datenarchivierung. Dementsprechend hat die back-up-Speichertechnik auf der Grundlage von Magnetbandkassetten stark an Bedeutung gewonnen /12/. Diese Geräte arbeiten aus Kosten- und Geschwindigkeitsgründen im streaming-Modus, das heißt, der Datenaustausch erfolgt file orientiert in größeren Einheiten.

2.2. Back-up-Speicherung bei Mikrorechnern

In der Regel kann nur bei Mikrorechnern und Personalcomputern mit Winchesterspeichern < 30 MByte auf einen speziellen back-up-Speicher neben der Diskette verzichtet werden. Das typische back-up-Medium für Personal- und Arbeitsplatzcomputer im gehobenen Leistungsbereich sowie für Supermikros ist gegenwärtig die ¼"-Bandkassette. Die Aufzeichnung erfolgt seriell im Mehrspur-Serpentine-Verfahren auf γ-Fe_2O_3-Partikelbänder bei Bandgeschwindigkeiten um 2 m/s. Mit 4, 9 und 154 Spuren werden Speicherkapazitäten um 30, 60 und 125 MByte (formatiert) erreicht. Das Datenformat ist nach QIC-24 standardisiert. Die Systemintegration ist einfach, da üblicherweise der 5¼"-Formfaktor der Disketten- und Winchesterlaufwerke einschließlich der slim-line-Ausführung eingehalten und neben dem Interface nach QIC-02 in steigendem Maße der SCSI-Anschluß ermöglicht wird. Um in Grenzfällen die Anschaffung eines speziellen back-up-Speichers zu vermeiden, wurden Kassettenplattenspeicher und hochdichte Disketten in spezieller Verpackung im 5¼"- und 8"-Format entwickelt. Der Marktanteil dieser Erzeugnisse ist aber gering.

2.3. Hochleistungssysteme

Für EDVA und leistungsstarke Kleinrechner sind schnelle back-up-Speicher auf der Basis von ½"-Magnetbändern erforderlich. Mit dem neuen System 3480 von IBM wurde auch in diesem Bereich der Übergang zur Kassettentechnik eingeleitet. Die Kassette mit den Abmessungen 100 mm × 125 mm × 25 mm speichert 200 MByte auf einem ½"-CrO_2-Partikelband. Mittels der 18-Spur-Parallelaufzeichnung wird eine Datenübertragungsrate von 3 MByte erreicht. Eine weitere Erhöhung der Speicherdichte und -kapazität ist in den kommenden Jahren zu erwarten.
Verschiedene Aktivitäten sind darauf gerichtet, den Anwendungsbereich dieser Kassette durch die kostengünstigere serielle oder teilparallele Aufzeichnung zu verbreitern und Laufwerke im 5¼"-Formfaktor zu entwickeln.

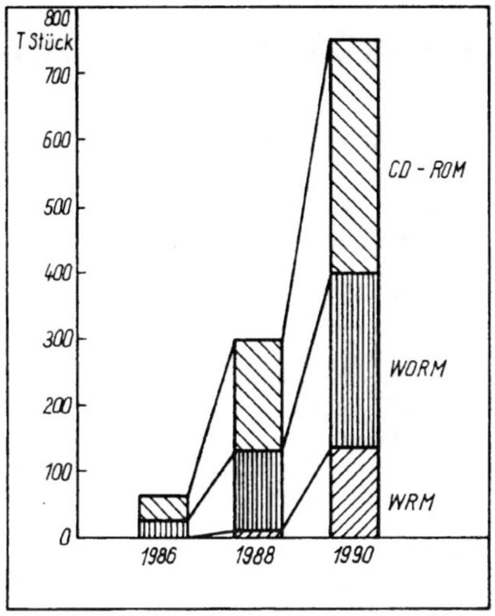

Bild 5 Entwicklung der Produktionsstückzahlen bei optischen Plattenspeichern

3. Digital-optische Plattenspeicher

3.1. Anwendungsaspekte

Nach der erfolgreichen Einführung der Compact-Disk im Jahre 1982 für die digitale Tonaufzeichnung höchster Qualität waren die nachfolgenden Aktivitäten der einschlägigen Industrie darauf angelegt, die optische Speicherung für die Daten- und Informationsverarbeitung nutzbar zu machen. Im Ergebnis dessen entstanden neue System- und Anwendungslösungen, ohne daß merkliche Rückwirkungen auf die Position der magnetomotorischen Speicher festzustellen sind. Die technische Entwicklung der digital-optischen Speicher vollzieht sich in 3 Kategorien:
– CD-ROM mit einer wechselbaren, unmittelbar aus der Compact Disk abgeleiteten Platte, die fest eingeprägte Daten trägt, welche nur gelesen werden können
– WORM (write once, read mostly) mit einer wechselbaren optischen Platte für einmalige Aufzeichnung durch den Anwender
– WRM (write/read memory) mit einer wechselbaren optischen Platte, die wie ein magnetisches Speichermedium Aufzeichnung und Wiedergabe in beliebiger Folge ermöglicht.

Die weitere Analyse muß sich auf einige anwendungstechnische Aspekte beschränken. Gegenwärtig sind international in den Kategorien CD-ROM und WORM sehr hohe Zuwachsraten zu verzeichnen, während WRM noch als Labor- und Entwicklungsmuster angesehen werden müssen. Prognosen besagen /13/, daß 1991 weltweit das Produktionsvolumen 1 Mio. Stück bei einem Marktwert von 2 Mrd. Dollar überschreitet (Bild 5). Trotz der erheblichen Steigerung dürfte diese Summe nur etwa 5 % des Marktwertes der magnetomotorischen Plattenspeicher ausmachen.

3.2. CD-ROM

CD-ROM bieten bei einem Plattendurchmesser von 120 mm eine Speicherkapazität von 200 ... 600 MByte pro Seite. Berücksichtigt man, daß die Plattenkassette für einen Preis von 60 bis 130 Dollar herstellbar ist und die Laufwerke im OEM-Vertrieb für 400 bis 900 Dollar gehandelt werden /14/, ergibt sich eine einzigartige Möglichkeit, sehr große Datenmengen dezentral auf Personalcomputern oder Arbeitsstationen verfügbar zu machen. Da die Laufwerke im 5¼"-Formfaktor und mit SCSI-Schnittstelle zu haben sind sowie Standards für das Datenformat existieren, wird die Systemintegration sehr unterstützt. Es wird prognostiziert, daß 1990 5 % aller Personalcomputer mit Laufwerken für die optische Platte ausgestattet sein werden. Als Anwendungen kommen vor allem in Frage: Kataloge jeder Art, technische Dokumentationen, Serviceunterlagen, Nachschlagewerke, Lehrprogramme, Rechnerprogramme mit Dokumentationen usw. Die große Plattenkapazität läßt es zu, auch bildhafte Darstellungen abzuspeichern. Damit ist eine gewisse Alternative zur Informationsspeicherung auf Papier und Mikrofilm mit dem Vorteil des wahlfreien, rechnergestützten Zugriffs gegeben.

3.3. WORM

Die ersten für die digitale Informationsverarbeitung einsetzbaren optischen Speicher waren WORM-Platten mit einem Durchmesser von 12". Sie bieten eine wahlfrei zugreifbare Kapazität von 1 ... 4 GByte mit einer Positionierzeit > 100 ms. Die wesentlichste Zielstellung für die Anwendung waren zunächst Dokumentenspeichersysteme für die Büroautomaten, teilweise mit Kapazitäten > 100 GByte durch automatische Plattenwechselmechanismen. Außer den für die CD-ROM genannten Anwendungen kommen Einsatzmöglichkeiten in der Primärspeicherung von Objekten für die Bildverarbeitung, im Finanzwesen, bei Versicherungen, in der Medizin und generell in der Langzeit-Datenarchivierung hinzu. Der letzte Fall stellt im Prinzip eine Alternative zur Magnetbandspeicherung dar. Diese interessante Anwendung hat sich aber durch die fehlende Standardisierung und neue, leistungsfähige Kassettenbandgeräte (s. Pkt. 2.3) nicht im erwarteten Maße entwickelt. Gegenwärtig zeichnet sich ein Entwicklungsschwerpunkt bei Laufwerken und Plattenkassetten im 5¼"-Formfaktor mit ESDI- oder SCSI-Schnittstelle ab, wobei Kapazitäten zwischen 300 und 800 MByte zur Diskussion stehen /14/, /15/.

3.4. WRM

Bei den löschbaren optischen Speichern stehen die 3,5"- und 5¼"-Formate im Mittelpunkt des Interesses. Das magnetooptisch arbeitende Entwicklungsmuster von Verbatim speichert auf einer 3,5"-Platte 40 MByte. Diese Tendenz zu kleinen Formaten erklärt sich anwendungsseitig aus dem potentiellen Vermögen, im unteren Leistungsbereich der Personal- und Arbeitsplatzcomputer Festplatte, Diskette und back-up-Kassette durch ein einziges hochdicht speicherndes Medium ersetzen zu können, wobei in diesem Bereich die noch relativ großen Zugriffszeiten optischer Speicher am wenigsten stören. Einsatzreife Laufwerke wurden in diesem Jahr vorgestellt.

Ausblick

Das Leistungsvermögen und die Einsatzbreite der magnetomotorischen Speicher werden in den nächsten Jahren weiter zunehmen. Bei Winchesterspeichern steigen die Speicherdichte und damit die Kapazitäten vor allem bei den 3,5"-, 5¼"- und 8"-Laufwerken weiter an. Es ist wahrscheinlich, daß mit der konventionellen Längsspeicherung Dichten von 10^5 Bit/mm^2 überschritten werden. Man kann davon ausgehen, daß sich bei den 5¼"- und 8"-Formaten die begonnene Entwicklung zu intelligenten Laufwerken, zum Einsatz leistungssteigernder elektronischer Mittel und zu Subsystemen mit mehreren Winchestermoduln fortsetzt. Die Position der Senkrechtspeicherung bei der Fortentwicklung der Plattenspeicher läßt sich gegenwärtig nur schwer bestimmen.

Unbestritten ist die wachsende Bedeutung der digital-optischen Speicher. Gravierende Rückwirkungen auf die magnetischen Medien sind vorerst nicht zu erwarten. Neben der technischen und technologischen Beherrschung der lösch- und umschreibbaren Platte müssen die Zugriffszeiten verringert und die Datenübertragungsraten erhöht werden.

Literatur

/1/ Laub, L.: The Evolution of Mass Storage. Byte 11 (1986) 5, S. 161–166, 168, 170–172

/2/ Salzmann, G.: Plattenspeicher – Stand und Entwicklungstendenzen. J. Inf. Rec. Mater. 14 (1986) 4, S. 245–255

/3/ Arnoldussen, Th. C.: Thin-Film Recording Media. Proc. IEEE 74 (1986) 11, S. 1526–1539

/4/ Salm, J.; Steinbeiß, Chr.: Kohlenstoffschichten als verschleißarme Schutzschichten für magnetomotorische Signalspeicher. Beitrag zur 7. Konferenz „Magnetische Signalspeicher", Neubrandenburg 1987

/5/ Salzmann, G.: Zur Testung der Oberflächenbeschaffenheit rotierender Scheiben im Submikrometerbereich. Beitrag zur 7. Konferenz „Magnetische Signalspeicher", Neubrandenburg 1987.

/6/ Waid, D. D.: Thin Film Challenges Oxide Media. Mini-Micro Systems. 18 (1985) 16, S. 95–98, 101–102

/7/ Fuchs, H.: Fertigung der Dünnfilmköpfe für Plattenspeicher. Feinwerktechn. u. Meßtechn. 94 (1986) 1. S. 47–48

/8/ Drive Includes ESDI or Embedded SCSI, packs 760 MBytes into a 5¼"-in. Size. EDN 31 (1986) 26, S. 62

/9/ Waller, L.: Hard Cards Roar along Despite Nagging Questions. Electronics 59 (1986) 5, S. 46–47

/10/ Wright, M.: Brigded SCSI Controllers Remain Viable Regardless of Emerging Embedded Controllers. EDN 32 (1987) 4, S. 69–76

/11/ ESDI-Controller mit Cache-Speicher. Elektronik 35 (1986) 17, S. 34–35

/12/ Antonuccio, A.: Tape Backup Systems. Byte 11 (1986) 5, S. 277–232

/13/ Optical-Disk-Drive Market to reach 2 Billion by 1991. EDN 31 (1986) 26, S. 179

/14/ Leibson, St. H.: Optical-Disk Drives Target Standard 5¼"-in. Sites. EDN 31 (1986) 26, S. 42–50

/15/ Zeltwanger, H.: Optische Speicher: Einmal schreiben, mehrmals lesen. Elektronik 35 (1986) 19, S. 34–35

/16/ Völz, H.: Stand der Anwendung optischer Speicher – insbesondere auf rotierenden Medien. Nachrichtentechnik Elektronik, Berlin 37 (1987) 5, S. 164–168

✉ KONTAKT ☏

VEB Robotron-Elektronik Dresden, Abt. E5E, PSF 330, Dresden 8012; Tel. 4872423

Optische Plattenspeicher[1]

František Marek, Ostrava (ČSSR)

1. Optische Speicherung – Wirkungsweise und Eigenschaften

Für die optische Speicherung /1/ werden als Speichermedium Plast-Disketten verwendet, die mit einer lichtempfindlichen Schicht versehen sind. Es werden Telluroxide, Gold- oder Silberlegierungen, Silberhalogenide u. a. verwendet.

Bei der Datenspeicherung auf ein optisches Medium werden mittels Laserstrahlen in die reflektierende Schicht ca. 1 μm große Löcher eingebrannt, so daß die Reflexion der Oberfläche geändert wird. Bei der Abtastung wird durch Auswertung der Signale in einem Detektor die Intensität des reflektierten Lichtes ermittelt; durch Unterscheiden von zwei Niveaus kann festgestellt werden, ob es sich um eine logische Null oder Eins handelt (Bild 1).

Der Vorteil der optischen Disketten ist z. Z. vor allem die hohe Aufzeichnungsdichte, insbesondere im Vergleich mit der magnetischen Aufzeichnung, wo mit Ausnahme der vertikalen Aufzeichnung nur kleine Reserven vorhanden sind. In Anbetracht der vorausgesetzten schnellen Entwicklung der Fertigungstechnologien von Speichermedien und Speicher-Laufwerken werden die optischen Speicher einen sehr niedrigen Aufwand für die Speicherung eines Bits aufweisen (Bild 2).

Die gegenwärtige Entwicklung ermöglicht bereits eine bedeutende Verringerung der Fehlerhaftigkeit der Speicherung, so daß das Auftreten fehlerhafter Bits bereits im Verhältnis 1 :10^{12} angeführt wird; das ist ein Wert, der auch bei anspruchsvollen Anwendungen im Fall klassischer Speichermedien erreicht wird.

Ähnlich wie bei magnetischen Disketten bleibt das Problem der Nichtkompatibilität der optischen Speicher durch Anwendung von Speichern mit unterschiedlichen Durchmessern und Kapazitäten.

Vorteile gegenüber magnetischen Speichern sind unter anderem die Widerstandsfähigkeit gegen Staub, Rauch, Anfassen sowie eine lange Lebensdauer.

[1] Der Artikel ist ein leicht gekürzter Nachdruck aus der tschechoslowakischen Zeitschrift „automatizace" 2/1986. Wir danken Autor und Redaktion für die Erlaubnis zur Veröffentlichung.
Die Übersetzung besorgte Paul Matuschek. Red.

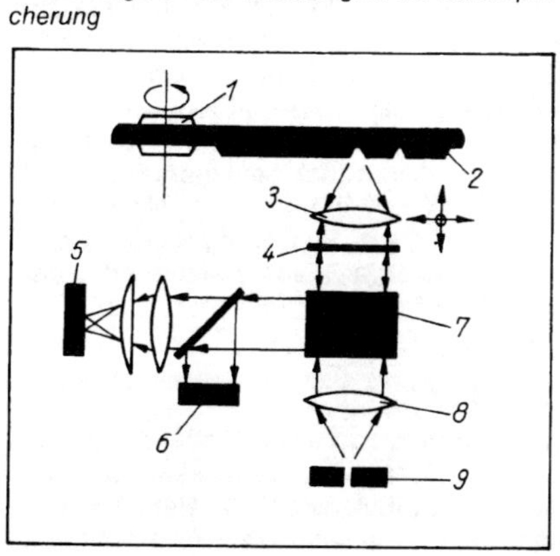

Bild 1 Schematische Darstellung einer optischen Diskette

1 – Antriebsmechanismus, 2 – optisches Medium, 3 – Objektiv, 4 – Platte, 5 – Detektor für Scharfeinstellung, 6 – Detektor für Spureinstellung, 7 – Unterbrecher des polarisierten Strahles, 8 – Kolimator, 9 – Laserdiode

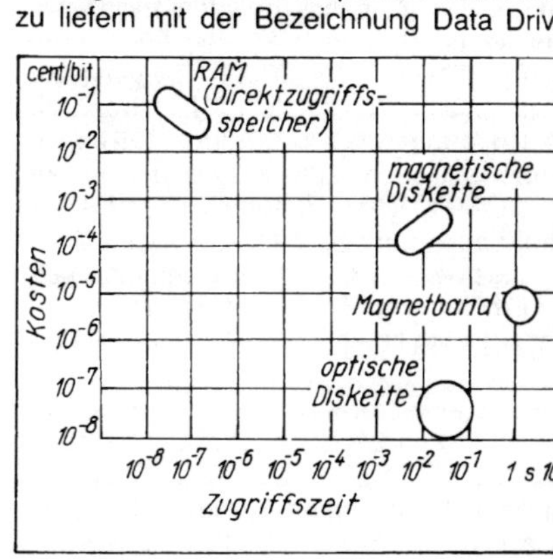

Bild 2 Vergleich der Technologien der Datenspeicherung

2. Optische Speicher mit nichtlöschbarer Aufzeichnung – OROM

Bei Anwendung optischer Disketten für nur eine Aufzeichnung stellt die hohe Kapazität einen bedeutenden Vorteil nicht nur auf dem Gebiet der Videoaufzeichnung oder Dokumentenarchivierung dar, sondern direkt in der Datenverarbeitung, insbesondere bei der Programmspeicherung und Abspeicherung großer Datenbasen. Deshalb erschien bereits 1984 auf dem Markt eine Reihe von Speichern für nichtlöschbare optische Aufzeichnung, bezeichnet mit der Abkürzung OROM (optical read only memory).

Die vorläufig größten optischen Disketten mit 356 mm Durchmesser (14" werden beim System der optischen Speicherung der Firma Storage Technology Corp. /2/ angewendet. Sie haben eine Kapazität von 4 GByte, die Übertragungsgeschwindigkeit beträgt 3 MBit/s. An das Steuerwerk können bis zu 8 Laufwerke angeschlossen werden.

Die bereits erwähnte japanische Firma Hitachi /3/ führte Ende 1984 das Laufwerk OC-301 vor, das eine 305 mm (12") große optische Diskette mit einer Kapazität bei beidseitiger Aufzeichnung von 2,6 GByte anwendet. Die Drehzahl der Diskette beträgt 600 U/min^{-1}, die Übertragungsgeschwindigkeit 440 KBit/s. Auf jeder Seite der Diskette befinden sich 40000 Speicherkurven mit einer durchschnittlichen Zugriffszeit von 200 ms.

Thompson – CSF Communication brachte 1984 das Speicher-Laufwerk Gigadisc 1001 (Bild 3) auf den Markt, eine optische Diskette mit 305 mm Durchmesser und einer Kapazität von 2 GByte, Masse 1,3 kg (Bild 4). Die amerikanische Firma Reference Technology /4/ begann Ende 1984 Speicher-Laufwerke zu liefern mit der Bezeichnung Data Drive

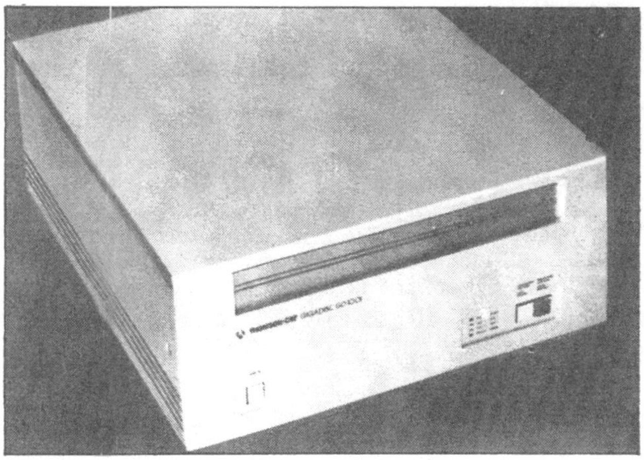

Bild 3 Laufwerk für optische Disketten als Tischgerät

Bild 4 Optische Diskette von Thomson CSF

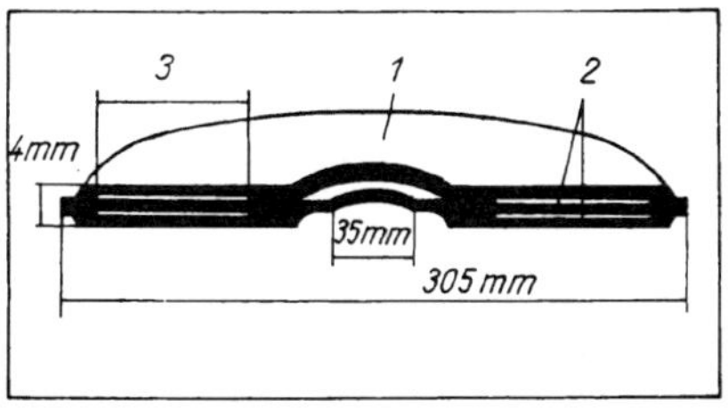

Bild 5 Schnitt einer optischen Diskette von 3M.
Das mit Rillen versehene Plastmaterial besitzt 1000 Å tiefe Rillen im Abstand von 1,67 μm. Jede Rille enthält vorgestanzte vorläufige Formatinformationen, Angaben zum Sektor und zur Spur.
1 – Laminat-Schutzschicht, 2 – Luftspalt, 3 – Speicherbereich

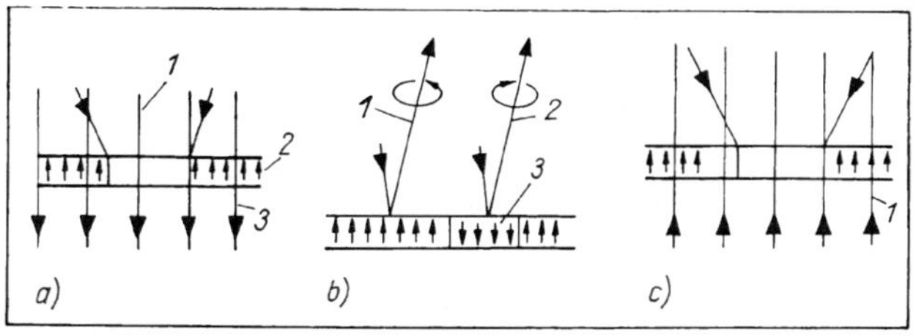

Bild 6 Magnetooptische Speichermethode
a) 1 – Laser, 2 – magnetisches Medium, 3 – Magnetfeld
b) 1 – normal reflektierter Strahl, 2 – optisch reflektierter Strahl, 3 – Domäne des umgekehrten Magnetismus
c) 1 – Magnetfeld

und den Abmessungen 214 × 406 × 600 mm³ und einer Masse von 32 kg. Diese Speicher-Laufwerke verwenden ebenfalls optische Disketten mit einer Kapazität von 2 GByte, aber mit 51 000 Speicherspuren. Die Diskette hat eine Drehzahl von 1800 U/min⁻¹, die durchschnittliche Zugriffszeit beträgt 151 ms. Die Firma 3M begann mit der Lieferung von optischen Disketten mit 305 mm Durchmesser in zwei Varianten (Bild 5), beidseitiger Aufzeichnung und einer Kapazität von 1,2 GByte.
Laser Data Inc. kündigte die Herstellung optischer Disketten mit einer Kapazität von 800 MByte pro Diskette /5/ an, die für Personalcomputer geeignet sind.
Information Storage Inc. inseriert das Speicher-Laufwerk 525 WC /6/, welches eine optische Diskette mit 133 mm Durchmesser (5¹/₄") und einer Kapazität von 100 MByte, einer Übertragungsgeschwindigkeit von 2,5 MBit/s und einer durchschnittlichen Zugriffszeit von 200 ms benutzt. In der Perspektive wird mit einem Preis von 600 Dollar für das Speicher-Laufwerk und 40 Dollar für die optische Diskette gerechnet.
Vollständigkeitshalber sei auch die Sortimentserweiterung bei Sony und Philips /5/ erwähnt, die für die Computertechnik Compakt-Disks mit 12 cm Durchmesser (4,72"), einer Kapazität von 550 MByte, durchschnittlicher Zugriffszeit von 0,5 s und einer Übertragungsgeschwindigkeit von 1,44 MBit/s liefern.

3. Optische Disketten mit löschbarer Aufzeichnung

Die Verbindung einer hohen Speicherdichte mit entsprechendem Anwachsen der Speicherkapazität und die Möglichkeit einer mehrmaligen Aufzeichnung würde verständlicherweise die Anwendung der optischen Aufzeichnung in der Computertechnik deutlich verbessern. Zu diesem Zweck beginnt man, in der Praxis zwei weiter beschriebene Methoden zu forcieren /7/, /8/.

3.1. Magnetooptische Methode

Bei dieser Methode wird die Temperaturabhängigkeit der magnetischen Koerzitivkraft beim Lesen, Löschen und Neuaufzeichnen mittels einer Laserdiode genutzt. In der Aufzeichnungsphase wird in das Medium ein Magnetfeld mit einigen hundert Oersted geleitet. Der Lichtstrom aus der Laserdiode bildet in der Speicherschicht kleine Öffnungen in der Größe von 1 μm, wobei gleichzeitig die Aufzeichnungsstelle auf eine Temperatur erwärmt wird, bei der die Koerzitivkraft gleich Null ist, so daß das Medium am leichtesten magnetischen Änderungen zugänglich ist. Durch das Einwirken des Magnetfeldes kommt es zu einer Aufzeichnung des entsprechenden Bits, ähnlich wie bei der magnetischen Aufzeichnung.
Zum Lesen der Aufzeichnung wird der sogenannte Kerr- oder Faraday-Effekt genutzt, der auf dem Drehen der Polarisationsebene des Lichtes durch ein Magnetfeld beruht. Polarisiertes Licht dreht sich im oder gegen den Uhrzeigersinn, je nach Richtung des Magnetismus. Mit Hilfe eines Analysators wird der Grad der Polarisation ermittelt und dadurch die Aufzeichnung in Form einer Null oder Eins ausgewertet.
Das Löschen der Aufzeichnung kann auf zweierlei Art ausgeführt werden. Einerseits geschieht dies lokal, das heißt durch Erwärmung und Einwirkung eines Magnetfeldes, das eine Aufzeichnung bewirkt (Bild 6). Andererseits mittels massenhaften Löschens aller Aufzeichnungen auf der Diskette.
Bei der Größe einer Aufzeichnungsöffnung von 1 μm kann durch diese Methode eine

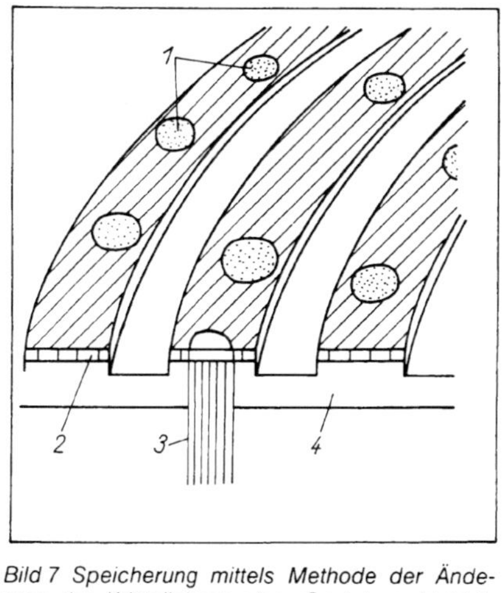

Bild 7 Speicherung mittels Methode der Änderung der Kristallphase einer Speicherschicht in eine amorphe Phase
1 – gespeicherte Bits, amorphe Phase, 2 – Speicherschicht, Kristallphase, 3 – Laserstrahl, 4 – Grundmaterial der Diskette

Speicherdichte von 5 · 10^8 Bit/ cm^2 erreicht werden. Die erste praktische Anwendung dieser Methode stellen optische Disketten mit einer Speicherschicht auf Terbium-, Eisen- und Kobaltbasis dar, die gemeinsam von den Firmen Sony und Kokusai Denshin Denwa hergestellt werden. Diese Disketten können für eine digitale sowie analoge Aufzeichnung angewendet werden.

3.2. Methode der Änderung der Kristallphase einer Speicherschicht in eine amorphe Phase

Diese Methode wurde von der Firma Matsushita realisiert, wobei als empfindliche Speicherschicht eine Tellurlegierung mit kleinen Mengen Germanium, Indium und Blei angewendet wird. Bei einer Aufzeichnung mittels Laserstrahl (Bild 7) ändert sich die Kristallphase mit großer Reflexion in eine amorphe mit niedriger Reflexion. Die Aufzeichnung und das Lesen werden durch einen Laser mit 830 nm Wellenlänge und 8 mW Leistung für die Aufzeichnung und 1 mW beim Lesen realisiert. Das Löschen geschieht durch einen zweiten Laser mit 780 nm Wellenlänge und 10 mW Leistung.
Eine praktische Realisierung stellt das Laufwerk von Panasonic OMDR (optical memory disk recorder) dar, welches eine 8"-Diskette mit einer Kapazität von 700 MByte/Seite und einer Drehzahl von 1800 U/min^{-1} anwendet. Der Vorteil dieser Geräte ist eine einfachere Konstruktion als im Fall der magnetooptischen Aufzeichnung. Perspektivisch wird die Anwendung eines Mediums auf der Basis eines Polymerfarbstoffes erwogen, dadurch würden Probleme beseitigt werden, die mit der Verarbeitung von Rohstoffen mit Giftwirkung (Tellur) zusammenhängen.

4. Ausblick

Optische Disketten finden bereits breite Anwendung auf dem Gebiet der Konsumgüterelektronik (Videoaufzeichnung) und bei der Archivierung von Dokumenten. Dank der außerordentlichen Speicherdichte, die eine Kapazitätserhöhung bei gleichzeitiger Verringerung der Abmessungen und der Masse ermöglicht, behaupten sie sich immer mehr auch in der Rechentechnik, vor allem bei der Speicherung von Programmen und beim Aufbau umfangreicher Datenbanken.
Ihre breite Anwendung ist allerdings von der Lösung des Problems des Löschens der alten Aufzeichnung und der Realisierung einer neuen abhängig.

Literatur
/1/ Byte (1983) 3, S. 86–106
/2/ Byte (1984) 10, S. 221
/3/ Byte (1985) 2, S. 367
/4/ Byte (1985) 1, S. 418
/5/ Byte (1985) 1, S. 421
/6/ Computer Product News (1985) 5, S. 35
/7/ Byte (1984) 10, S. 215
/8/ Sdelovaci technika, Praha (1984) 11, S. 427

Einchipmikrorechner

Das Sortiment des VEB Mikroelektronik „Karl Marx" Erfurt

Volkmar Heilbock
VEB Mikroelektronik „Karl Marx" Erfurt

Vorbemerkungen

Der VEB Mikroelektronik „Karl Marx" Erfurt produziert seit 1984 ein umfangreiches Sortiment von Einchip-Mikrorechner-Schaltkreisen (EMR).
Basierend auf den beiden Basistypen dieses 8-Bit-Mikroprozessorsystems, dem U 881 D und dem U 882 M /1/, umfaßt die Einchip-Mikrorechner-Familie heute 7 Typvarianten in insgesamt 14 Bondversionen mit jeweils 3 möglichen Taktfrequenz-Obergrenzen. All diese Varianten sind hinsichtlich ihrer internen Struktur, ihrer statischen und dynamischen Kennwerte sowie ihrer Programmierung grundsätzlich identisch. (Siehe Bilder 1 bis 3 und Tafel 1.)

Die Einchip-Mikrorechner lassen sich in zwei Gruppen einteilen:
- *EMR mit internem ROM*

Diese Gruppe repräsentiert den **Einchip-Rechner** im eigentlichen Sinne.
Der Programmspeicher, der On-Chip-ROM, befindet sich hier in Form einer kundenspezifischen Maske (Bitmuster) auf dem Chip.
Die Herstellung dieser Maske ist mit relativ hohen Kosten verbunden, die der Anwender dem EMR-Hersteller einmalig zu erstatten hat.
Somit ergeben sich als sinnvolle Einsatzfälle fast ausschließlich Geräte mit relativ hohen Produktionsstückzahlen, wie z. B. Konsumgüter.
- *EMR mit externem ROM bzw. mit externem Programmstart*

Zu dieser Gruppe zählen die Einchip-Mikrorechner-„Entwicklungsversionen", deren Programmspeicher logisch *intern*, aber phy-

Tafel 1 Flags des EMR

Bedingungscode	Hex (oberes Nibbel)	Bedeutung	gesetzte Flags
(AT)	8	immer wahr	--
C	7	'Carry'	C = 1
NC	F	kein 'Carry'	C = 0
Z	6	Null	Z = 1
NZ	E	nicht Null	Z = 0
PL	D	plus	S = 0
MI	5	minus	S = 1
OV	4	'Overflow'	V = 0
NOV	C	kein 'Overflow'	V = 1
EQ	6	gleich	Z = 1
NE	E	nicht gleich	Z = 0
GE	9	größer als oder gleich	(S XOR V) = 0
LT	1	kleiner als	(S XOR V) = 1
GT	A	größer als	Z OR (S XOR V) = 0
LE	2	kleiner als oder gleich	Z OR (S XOR V) = 1
UGE	F	vorzeichenfrei größer als oder gleich	C = 0
ULT	7	vorzeichenfrei kleiner als	C = 1
UGT	B	vorzeichenfrei größer als	(C = 0 AND Z = 0) = 1
ULE	3	vorzeichenfrei kleiner als oder gleich	(C OR Z) = 1
NT	0	niemals wahr	--

Tafel 2 EMR-Sortiment des VEB Mikroelektronik Erfurt

	EMR mit externem ROM bzw. mit externem Programmstart					EMR mit internem ROM	
	ohne ROM		Interpreter für Tiny-MP BASIC			Kundenspezifisches Programm	
	Programmstart extern			Entwicklungsversion			
	bei erhöhtem Pegel an RESET-Eingang		nach normalem RESET	über Speicherport zugängliche ROM-Kapazität		On-Chip-ROM-Kapazität	
	auf Adresse %1012		auf Adresse %812	4 KByte	2 KByte	4 KByte	2 KByte
Normalversion Quarz direkt anschließbar	U 8611 DC 08/1	UB 8860 D	UB 8830 D	UB 8840 M	UB 8820 M	U 8611 DC08	UB 8810 D
Power-Down-Version Taktgenerator erforderlich	UL 8611 DC 08/1	UB 8861 D	UB 8831 D	UB 8841 M	UB 8821 M	UL 8611 DC08	UB 8811 D

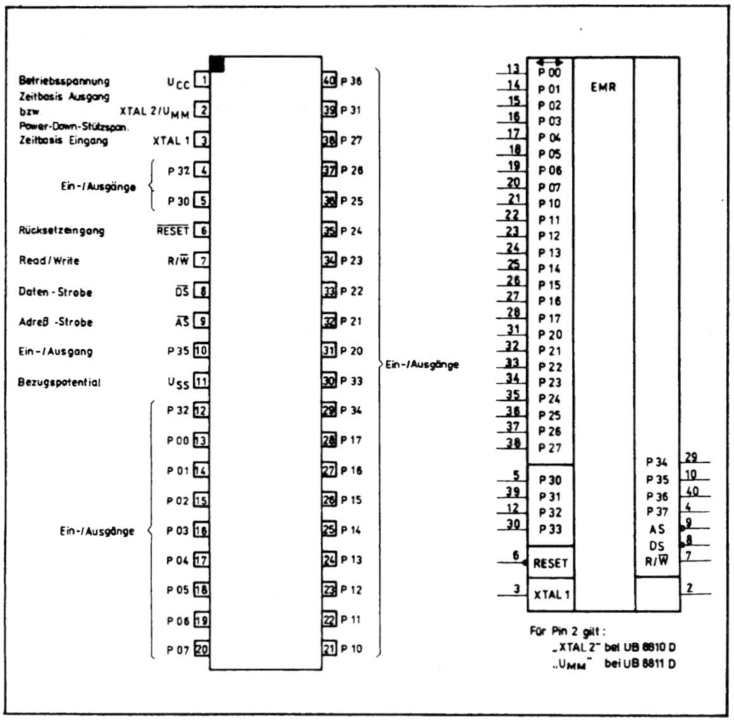

Bild 1 Pinbelegung und Schaltungskurzzeichen des UB 8810 D/UB 8811 D

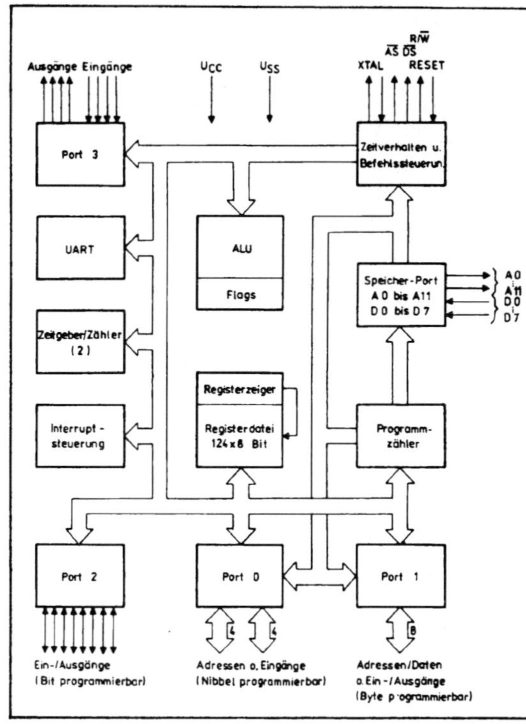

Bild 3 Blockschaltbild des EMR am Beispiel des UB 8820 M

sisch *extern* angeordnet ist. Auch lassen sich dieser Gruppe all jene EMR mit On-Chip-ROM zuordnen, deren Bitmuster für eine universelle Verwendung vorgesehen ist und/oder deren Programmstart extern erfolgen kann.
Das Anwenderprogramm befindet sich hier außerhalb des Einchip-Mikrorechners und ist für diesen über das spezielle Speicherport bzw. über die als Adreß-/Daten-Bus konfigurierbaren Ports 0 und 1 zugänglich.
Sinnvolle Einsatzgebiete sind Geräte mit kleineren Produktionsstückzahlen, mit oft bzw. kurzfristig einer Änderung zu unterwerfenden Programmen sowie Lern-, Entwicklungs- und Emulationsmodule.
Tafel 2 gibt eine Übersicht zum derzeitigen Produktionssortiment des VEB Mikroelektronik „Karl Marx" Erfurt.
Die verwendeten Typbezeichnungen beziehen sich auf EMR mit einer maximalen Taktfrequenz von 8,0 MHz.

EMR mit internem ROM

- *UB 8810 D, UB 8811 D, U 8611 DC08, UL 8611 DC08*

Das auf dem Chip befindliche kundenspezifische Programm hat eine Kapazität von 2 KByte bzw. 4 KByte.
Eine externe Speichererweiterung kann mittels Nutzung von Port 0 und Port 1 als Adreß- und Datenbus vorgenommen werden. Dadurch ist die Schaffung eines zusätzlichen, direkt adressierbaren Speicherbereiches von 124 KByte (UB 8810 D, UB 8811 D) bzw. 120 KByte (U 8611 DC08, UL 8611 DC08) möglich.
Die Kennzeichnung des jeweiligen kundenspezifischen Bitmusters erfolgt durch eine 3stellige Zahl als Zusatz zur Typbezeichnung, z. B. UB 8810 D-003, UL 8611 DC08-002.

EMR mit externem ROM bzw. mit externem Programmstart

- *UB 8820 M, UB 8821 M, UB 8840 M, UB 8841 M*

Das logisch interne Anwenderprogramm wird physisch außerhalb des EMR angeordnet.

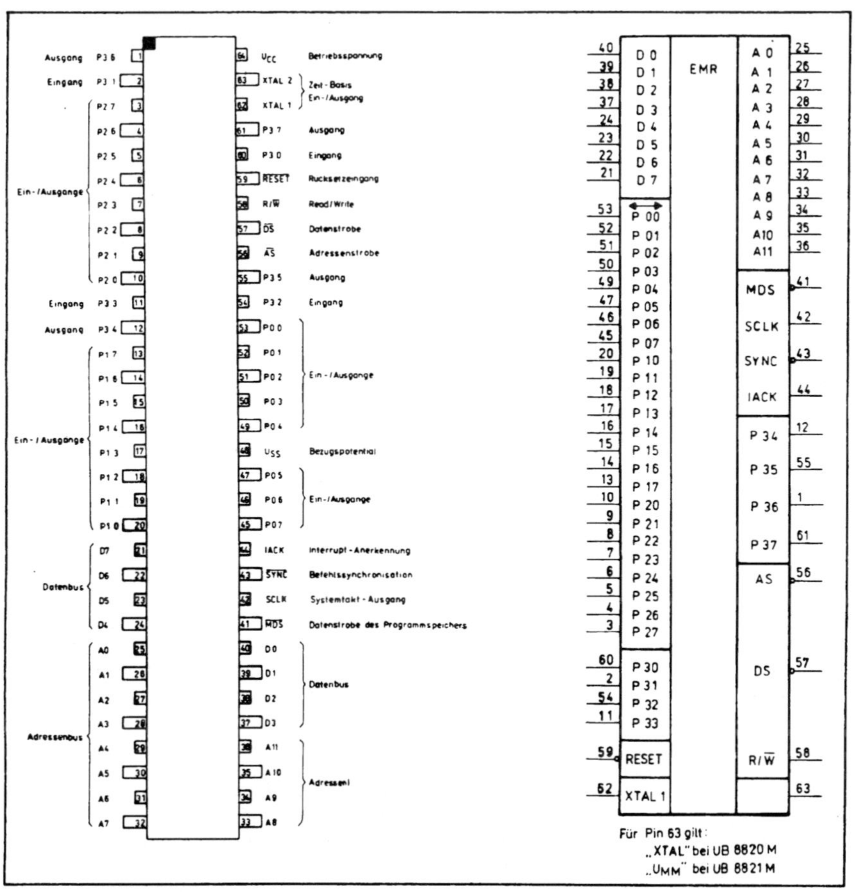

Bild 2 Pinbelegung und Schaltungskurzzeichen des UB 8820 M/UB 8821 M

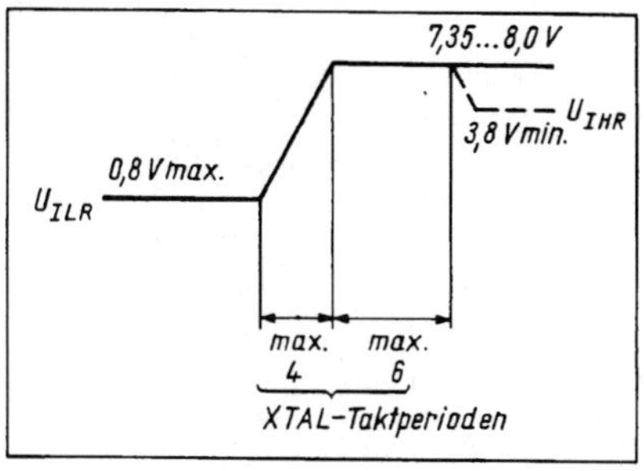

Bild 4 RESET-Pin-Beschaltung zum Eintritt in die Test-ROM-Initialisierungsroutine

Zu diesem Zweck verfügt der Einchip-Mikrorechner über 12 Adreß-Ausgänge und 8 Daten-Eingänge (Speicherports).
Eine bidirektionale Nutzung dieses Speicherports ist nicht möglich. Es wird ein spezielles Signal /MDS (Memory Data Select) bereitgestellt, welches zur Aktivierung eines angeschlossenen ROMs bzw. EPROMs (z. B. U 2716 C, U 2732 C) dient. Zu beachten ist jedoch, daß beim Lesen von *Interruptvektoren* im logisch internen Bereich das Signal /MDS nicht aktiviert wird! In diesem Fall sind der Chip-Select- und der Output-Enable-Eingang des EPROMs ständig mit LOW-Pegel zu beschalten.

● *UB 8830 D, UB 8831 D*

Diese EMR-Typen enthalten einen Interpreter für Tiny-MPBASIC /2/, /3/. Das interne Programm besteht aus einer Initialisierungsroutine und dem eigentlichen Interpreter, der mit Hilfe eines externen Programms gesondert aufzurufen ist. Die Initialisierungsroutine dient der Ausführung verschiedener Tests /4/, bevor ein Anwenderprogrammstart auf der externen Speicheradresse

%0812 (wenn Programmspeicherplatz %0812 RAM, also beschreibbar ist)
oder
%E000 (wenn Programmspeicherplatz %0812 ROM, also nicht beschreibbar ist)

ausgelöst wird. Außerdem wird der EMR auf *extended memory timing* programmiert.

Die Initialisierungsroutine hat folgendes Aussehen:

Adresse	Opcode	Befehl
000C	31 00	SRP #0
000E	3C 0F	LD R3,# %0F
0010	FF	NOP
0011	76 E3 04	TM R3, #4
0014	14 3C FF	LD R3, #%FF
0016	EB 05	JR NZ, #%5
0018	76 E3 04	TM R3, #4
001B	EB 20	JR NZ, Test
001D	E6, F8 B6	LD P01M, #%(2) 10110110
0020	E6 F7 08	LD P3M,#%(2) 00001000
0023	4C08	LD R4, #8
0025	5C 12	LD R5,#%12
0027	C2 64	LDC R6,§RR4
0029	60 E6	COM R6
002B	D2 64	LDC §RR4,R6
002D	C2 74	LDC R7,§RR4
002F	60 E6	COM R6
0031	D2 64	LDC §RR4, R6
0033	B2 67	XOR R6,R7
0035	31 F0	SRP #%F0
0037	ED E0 00	JP NZ,%E000
003A	8D 08 12	JP %812

Der Programmteil „Test" und seine Handhabung wird in /4/ ausführlich beschrieben.
Der Interpreter für Tiny-MPBASIC wird folgendermaßen aufgerufen:
① Laden der Startadresse des BASIC-Programms in die EMR-Register 6 und 7.
② Laden der Startadresse der Prozedurtabelle in die EMR-Register 8 und 9. Ist keine Prozedurtabelle vorhanden, dann sind die Register 8 und 9 zu löschen!
③ Aufruf des Interpreters mit den Befehlen
SRP #%10
CALL %7FD.
Somit stellt auch dieser Typ eine universell einsetzbare Variante eines Einchip-Mikrorechners dar.

● *UB 8860 D, UB 8861 D, U 8611 DC08/1, UL 8611 DC08/1*

Diese Typen werden auch als *ROM-los* bezeichnet.
Zusätzlich zum eigentlichen kundenspezifischen ROM ist in jedem Einchip-Mikrorechner mit *internem* Programmspeicher ein *Test-ROM* integriert. Dieses benötigt der Hersteller zu meßtechnischen Zwecken, um unter Umgehung des Kunden-ROMs sein *externes* Testprogramm starten zu können. bei den ROM-losen Typen wird jedoch ausschließlich der Test-ROM genutzt; Inhalt und Funktion des Kunden-ROMs bleiben dem Anwender weitgehend verborgen.
Hervorgerufen wird der externe Programmstart durch Beschalten des RESET-Pins mit einem Pegel von + 7,35 ... + 8,0 V nach Bild 4.
Beim UB 8860 D und UB 8861 D erfolgt der externe Programmstart auf der Adresse %812, beim U 8611 DC08/1 und UL 8611 DC08/1 auf der Adresse %1012.
Die Initialisierungsroutine im Test-ROM hat folgendes Aussehen:

Adresse	Opcode	Befehl
000C	E6 00 00	LD P0 #%00
000F	E6 F8 96	LD P01M #%96
0012	8D 08 12	JP Startadresse (UB 8860 D, UB 8861 D)
0012	8D 10 12	JP Startadresse (U 8611 DC08/1, UL 8611 DC08/1).

Literatur

/1/ Bankel, M.: Einchip-Mikrorechner U 881, U 882 und U 883. Radio, Ferns. Elektron., Berlin 34 (1985) 2, S. 81–84
/2/ Müller, S.: Einchip-Mikrorechner U 883 D interpretiert Tiny-MP-Basic. Radio Ferns. Elektron., Berlin 34 (1985) 3, S. 143–144
/3/ Müller, S.: Programmieren mit BASIC. REIHE AUTOMATISIERUNGSTECHNIK, Band 216, 1. Auflage. VEB Verlag Technik, Berlin 1985
/4/ Technische Beschreibung Einchipmikrorechner U 883. veb mikroelektronik „karl marx" erfurt, Erfurt 1985

✉ KONTAKT ☏

VEB Mikroelektronik „Karl Marx" Erfurt, Abt. Applikation Bauelemente, Rudolfstraße 47, Erfurt, 5010; Tel. 51076 App. 25

CMOS-Technologien gewinnen weiter an Boden

Nachdem sich in den vergangenen Jahren CMOS-Technologien für den Anwendungsbereich der Höchstintegration durchgesetzt haben und heute die Herstellung solcher Spitzenprodukte der Mikroelektronik wie 4-Megabit-DRAM und 32-Bit-Einchiprechner ermöglichen, sind sie nun im Begriff, auch die letzte Domäne bipolarer Technologien ins Wanken zu bringen: den Bereich der Höchstgeschwindigkeitsbauelemente. Über geradezu sensationelle Fortschritte beim Vorstoß in den Pikosekundenbereich wurde auf der kürzlich in Bologna, Italien abgehaltenen 17th European Solid State Device Research Conference (ESSDERC) berichtet. Während bisher der Subnanosekundenbereich für die Gatterverzögerungszeit logischer Schaltungen im allgemeinen der schnellen ECL-Technik vorbehalten war, wurde nun gleich durch mehrere Entwicklungslabors der ECL-Geschwindigkeitsbereich mit CMOS-Gattern nicht nur erreicht, sondern teilweise sogar übertroffen. Lewis und Mitarbeiter vom Xerox Palo Alto Research Centre, USA, berichteten über eine Submikrometer CMOS-Technologie mit weniger als 100 ps Gatterverzögerungszeit und einen um mehr als 1 Größenordnung geringerem Verzögerungszeit-Leistungsprodukt (PDP) als vergleichbare ECL-Technologien. Hanafi und Mitarbeiter von IBM erreichten mit einer 0,5-μm-CMOS-Technologie Gatterverzögerungszeiten von 90 ps bei einem PDP von 17 fJ. Den absoluten Rekord für Siliziumbauelemente vermeldeten Xu Xiao-Li und Mitarbeiter vom Nanjing Institut of Technology, VR China, denen mit einer neuen Variante einer SOI-CMOS-Technologie Gatterverzögerungszeiten von 5,5 ps bei einem PDP von rund 4 fJ gelangen. Die minimalen Strukturabmessungen betrugen ebenfalls 0,5 μm. Noch geringere Abmessungen realisiert Sai-Halasz, IBM, der mit 0,07 μm Kanallänge die weltweit bisher kleinsten MOS-Transistoren zunächst noch nur in N-Kanaltechnik realisierte. Die minimale Gatterverzögerungszeit betrug 20 ps. Damit dürfte die CMOS-Technologie in den nächsten Jahren auch für den Höchstgeschwindigkeitsbereich (VHSIC) kommerziell interessant werden.

Prof. Dr. Bernd Junghans

Programmieren mit MACRO-SM

Teil III

Dr. Thomas Horn
Informatikzentrum des Hochschulwesens
an der Technischen Universität Dresden

In Anweisungen mit den Bedingungen **DF** und **NDF** sind logische Ausdrücke mit den Operatoren **!** und **&** unter Verwendung von spitzen Klammern ⟨ ⟩ zulässig. Die Operatoren haben die gleiche Priorität und werden von links nach rechts abgearbeitet, falls durch eine Klammerung keine andere Abarbeitungsfolge vorgeschrieben wird.

```
Beispiel:
.IF DF M0! <GAMMA&DELTA>
...
...
.ENDC
```

Die Anweisungen des bedingten Blockes werden übersetzt, wenn das Symbol **M0** oder die Symbole **GAMMA** und **DELTA** definiert sind.
Die maximale Schachtelungstiefe der bedingten Blöcke beträgt 16. Beim Auftreten einer **.ENDC**-Anweisung außerhalb eines bedingten Blockes bzw. beim Überschreiten der maximalen Schachtelungstiefe wird der Fehlercode 0 angezeigt.

3.2. Die Anweisungen .IFF, .IFT und .IFTF

Die Anweisungen **.IFF**, **.IFT** und **.IFTF** unterteilen einen bedingten Anweisungsblock in Subblöcke und beziehen sich bei geschachtelten bedingten Anweisungsblöcken immer auf die getastete Bedingung der vorangegangenen **.IF**-Anweisung des gleichen Niveaus.
Die **.IFF**-Anweisung bewirkt das Übersetzen der nachfolgenden Anweisungen, wenn die getestete Bedingung den Wahrheitswert "false" ergab.
Die **.IFT**-Anweisung bewirkt das Übersetzen der nachfolgenden Anweisungen, wenn die getestete Bedingung den Wahrheitswert "true" ergab.
Die **.IFTF**-Anweisung bewirkt das Übersetzen der nachfolgenden Anweisungen unabhängig von der getasteten Bedingung. Die einzelnen Subblöcke werden jeweils durch eine nachfolgende **.IFF**-, **.IFT**-, **IFTF**- oder **.ENDC**-Anweisung gleichen Niveaus abgeschlossen.

```
Beispiel
SYMBOL=25
...
.IF     EQ SYMBOL-5
        ;TEST OB SYMBOL-5 GLEICH 0
        IST?
...     ;ANWEISUNGEN WERDEN
        NICHT UEBERSETZT
...
.IFF
...     ;ANWEISUNGEN WERDEN
        UEBERSETZT
...
.IFTF
...     ;ANWEISUNGEN WERDEN
        IMMER UEBERSETZT
...
.IFT
...     ;ANWEISUNGEN WERDEN
        NICHT UEBERSETZT
...
.ENDC
```

3.3. Die .IIF-Anweisung

Die **.IIF**-Anweisung gestattet die bedingte Übersetzung einer einzelnen Anweisung *statement*. Sie hat folgenden Aufbau:

.IIF *cond, arg[,arg], statement*

wobei die Bedingungen, Trennzeichen und Argumente denen der **.IF**-Anweisung entsprechen.
Bei den Bedingungen **B** bzw. **NB** sollte das Argument in spitze Klammern gesetzt werden, da sonst im Falle eines leeren Argumentes (blank) der Parameter statement als *arg* interpretiert wird.

> Beispiel:
> **.IIF DF, ⟨FELD⟩ M0: MOV FELD,R0**
> Wenn das Symbol **FELD** definiert ist, wird vom Assembler die Anweisung
> **M0: MOV #FELD,R0**
> übersetzt. Andernfalls wird die Anweisung nicht übersetzt.

4. Die Makrotechnik

Bei der Programmierung in der Assemblersprache kann der Programmierer oft benötigte Anweisungsfolgen unter Anwendung der Makrotechnik als Makro definieren. Die Makrodefinitionen können Bestandteile des Quellprogramms sein oder in einer Nutzer- oder Systemmakrobibliothek zusammengefaßt werden. Die Bezugnahme auf die Makrodefinitionen erfolgt an den gewünschten Stellen im Programm durch sogenannte Makrorufe, die eine Generierung der in der Makrodefinition enthaltenen Quellanweisungen bewirken. Zur Anpassung des Makros an den jeweiligen Anwendungsfall besteht die Möglichkeit, daß in der Makrodefinition formale Argumente festgelegt werden, die bei der Makrogenerierung durch aktuelle Parameter ersetzt werden können. Die generierten Quellanweisungen werden als Makroauflösung bezeichnet.

4.1. Die Makrodefinition

Eine Makrodefinition beginnt mit einer Makroanfangsanweisung (**.MACRO**), die gleichzeitig die Musteranweisung für den Makroruf ist. Anschließend folgen die Modellanweisungen für die zu generierenden Quellanweisungen. Den Abschluß der Makrodefinition bildet die Makroendanweisung (**.ENDM**). Als Modellanweisungen können in den Makrodefinitionen alle Maschinenbefehle, Assembleranweisungen, Anweisungen der bedingten Übersetzung, Makrorufe und spezielle Anweisungen der Makrotechnik (z. B. **.PRINT**, **.ERROR**, **.MEXIT**, **.NTYPE**, **.NCHR**, **.NARG**) Anwendung finden. Eine Makrodefinition kann im Quellprogramm an beliebiger Stelle stehen, aber es ist zu beachten, daß sie vor ihrem ersten Aufruf bekannt sein muß.

4.1.1. Die .MACRO-Anweisung

Die Makroanfangsanweisung hat folgenden Aufbau:

.MACRO *symbol [,arg [,arg [,. . .]]]*
wobei
symbol – den Namen der Makrodefinition bzw. des Makrorufes festlegt,
, – ein zulässiges Trennzeichen (Komma, Tabulator und/oder Leerzeichen)
und
arg – ein folgendes Argument bedeuten.

Eine **.MACRO**-Anweisung kann beliebig viele formale Argumente enthalten, die durch wenigstens ein zulässiges Trennzeichen getrennt sein müssen, das heißt, es dürfen ein oder mehrere Tabulatoren oder Leerzeichen, aber nur ein Komma verwendet werden. Als formale Argumente werden Symbole verwendet, auf die sich die Modellanweisungen innerhalb einer Makrodefinition beliebig beziehen können, da sie im Namens-, Operations- oder Operandenfeld oder in Teilen von ihnen oder aber auch als komplette Quellanweisung benutzt werden dürfen. Diese Symbole sind nur interne Symbole einer Makrodefinition.

> Beispiel:
> **.MACRO PUT EABER, LAENGE**
> Diese Anweisung leitet die Definition des Makros PUT mit den formalen Argumenten **EABER** und **LAENGE** ein.

4.1.2. Die .ENDM-Anweisung

Die Makroendanweisung hat folgenden Aufbau:
.ENDM *[symbol]*
wobei:
symbol – den Namen der zu beendenden Makrodefinition festlegt. Das Symbol hat den Charakter eines Kommentars.

```
Beispiel:
.MACRO   RETT1 P1
MOV      #P1,R5
.MACRO   RETT2
```

```
MOV     R0,(R5)+
MOV     R1,(R5)+
MOV     R2,(R5)+
.ENDM   RETT2 ;ENDE RETT2
MOV     R3,(R5)+
MOV     R4,(R5)+
.ENDM   RETT1 ;ENDE RETT1
```

Bei ineinander geschachtelten Makrodefinitionen kann die innere Makrodefinition erst dann aufgerufen werden, wenn die äußere Makrodefinition wenigstens einmal generiert wurde.

4.1.3. Die .MEXIT-Anweisung

Die **.MEXIT**-Anweisung beendet die Makrogenerierung, bevor das Ende der Makrodefinition erreicht wurde. Besonders vorteilhaft ist die Anwendung der **.MEXIT**-Anweisung in Verbindung mit der bedingten Assemblierung zum Zwecke der bedingten Makrogenerierung bzw. zum Abbruch der Makrogenerierung bei Fehlerbedingungen.

Beispiel:

```
.MACRO  BEISP P1,P2
...
.IF     B,P2
...
...
.MEXIT  ;ENDE MAKROGENERIE-
        ;RUNG, WENN P2 NICHT
        ;SPEZIFIZIERT WURDE
.ENDC
...
.ENDM
```

Wenn das formale Argument **P2** im Makroruf durch keinen aktuellen Parameter ersetzt wird, so werden die Anweisungen nach der **.IF**-Anweisung generiert und danach wird die Generierung abgebrochen. Andernfalls wird der bedingte Block übergangen.

4.1.4. Die .PRINT- und .ERROR-Anweisungen

Die **.PRINT**- und **.ERROR**-Anweisungen werden benutzt, um Mitteilungen in das Assemblerprotokoll auszugeben. Die Anweisungen haben folgendes Format:

.PRINT *[expr] [,text]*

.ERROR *[expr] [,text]*

wobei
expr – zulässiger Ausdruck und
text – die auszugebende Mitteilung bedeuten. Der Wert des Ausdrucks wird berechnet und in der Spalte des Objektkodes ausgedruckt. Dieser Wert kann als eine Mitteilungsnummer betrachtet werden. Durch den Text wird die Mitteilung in der Regel kommentiert. Der Unterschied zwischen den beiden Anweisungen besteht darin, daß bei der **.ERROR**-Anweisung zusätzlich noch das Fehlerkennzeichen P gedruckt wird.

4.2. Der Makroruf

Die Bezugnahme auf eine Makrodefinition erfolgt durch einen Makroruf, der eine Quellzeile mit folgendem Aufbau darstellt:
[symbol:] name liste aktueller parameter

Die Quellzeile kann durch ein Symbol im Namensfeld benannt sein. Im Operationsfeld steht ein Symbol, das den Namen der aufzurufenden und zu generierenden Makrodefinition (siehe **.MACRO**-Anweisung) angibt. Die Liste der aktuellen Parameter im Operandenfeld ist der Reihenfolge der Liste der formalen Argumente entsprechend aufgebaut (Stellungsparameter!), so daß eine entsprechende Substitution formaler Argumente durch aktuelle Parameter möglich ist. Die einzelnen Parameter müssen durch ein zulässiges Trennzeichen (Komma, Leerzeichen und/oder Tabulator) voneinander getrennt werden.

Beispiel:
Aufruf der Makrodefinition aus 4.1.1.:
START: PUT FELD,80.
Durch diesen Makroruf wird der Makro **PUT** aufgerufen, wobei das formale Argument **EABER** durch den aktuellen Parameter **FELD** und **LAENGE** durch **80.** ersetzt werden.

4.3. Die Substitution der Parameter

Die Substitution der formalen Argumente durch aktuelle Parameter erfolgt in der Reihenfolge ihrer Stellung (Stellungsparameter). Werden im Makroruf mehr Parameter als notwendig angegeben, so werden die nicht benötigten Parameter nicht berücksichtigt. Werden im Makroruf zu wenige Parameter angegeben oder Parameter ausgelassen, so werden die entsprechenden formalen Argumente als leer (*blank*) angenommen und bei der Makrogenerierung durch nichts ersetzt. Enthält ein aktueller Parameter Trennzeichen, so muß er in spitze Klammern eingeschlossen werden.

Beispiel:
BEISP FELD, ⟨MOV A,-(SP)⟩
Das erste formale Argument soll durch die Adresse **FELD** und das zweite durch den Befehl **MOV A,-(SP)** ersetzt werden. Da der zweite Parameter Trennzeichen (Leerzeichen und Komma) enthält, muß er in spitze Klammern eingeschlossen werden.

4.3.1. Die Parameterübergabe bei ineinander geschachtelten Makrorufen

In Makrodefinitionen können Makrorufe benutzt werden, wobei eine maximale Schachtelungstiefe von 16 nicht überschritten werden darf. In einem Makroruf, der sich innerhalb einer Makrodefinition befindet, können als aktuelle Parameter die formalen Argumente der Makrodefinition benutzt werden.

Beispiel:

```
.MACRO  MAC1  P1,P2,P3
...
...
MAC2    P2
...
.ENDM
```

Die Makrodefinition **MAC2** kann folgendermaßen definiert sein:

```
.MACRO  MAC2  P1,P2
...
...
.ENDM
```

Wenn der Makro **MAC1** wie folgt aufgerufen wird,
MAC1 #100,ALPHA, ⟨MOV R0,X0⟩
so wird der Makroruf
MAC2 ALPHA
generiert.

Unter Anwendung von spitzen Klammern können an den Makroruf **MAC2** auch mehrere Parameter übergeben werden.

Beispiel:
MAC1 #100, ⟨ALPHA,BETA⟩, ⟨MOV R0,X0⟩
Es wird der Makroruf
MAC2 ALPHA,BETA
generiert.

Die äußeren spitzen Klammern werden bei der Parameterübergabe nicht mit übergeben. Wenn die Notwendigkeit besteht, daß die spitzen Klammern mitgeneriert werden, so kann eine Klammerung mit der sogenannten Pfeilkonstruktion ^*x* ... *x* erfolgen. Durch den einstelligen Pfeiloperator wird das nachfolgende Zeichen *x* zum Trennzeichen zur Klammerung des Ausdruckes erklärt. Es kann ein beliebiges Zeichen sein, das im Klammerausdruck selbst nicht benutzt wird.

Beispiel:
Bei dem Makroruf
MAC1 #100,^&⟨MOV2(R5),C+6⟩, F0&,⟨MOV R0,X0⟩
wird der Makroruf
MAC2 ⟨MOV 2(R5),C+6⟩ ,F0
generiert.

Es besteht auch andererseits die Möglichkeit, das formale Argument der Makrodefinition, das als aktueller Parameter eines Makrorufes verwendet wird, in spitze Klammern oder in eine Pfeilkonstruktion einzuschließen, so daß die Übergabe der Klammern nicht unbedingt mit der Parameterübergabe organisiert werden muß.

Beispiel:

```
.MACRO  MAC1  P1,P2,P3
...
...
MAC2    ⟨P2⟩
...
.ENDM
```

Bei dem Makroruf
MAC1 #100,⟨MOV 2 (R5),C+6⟩,⟨MOV R0,X0⟩
wird der Makroruf
MAC2 ⟨MOV 2(R5),C+6⟩
generiert.

4.3.2. Die Verkettung der Parameter

In Makrodefinitionen ist der Apostroph **(')** als Trennzeichen zur Begrenzung der formalen Argumente zugelassen. Bei der Makrogenerierung wird der Apostroph als Begrenzer erkannt und entfernt, sofern er unmittelbar vor oder hinter einem formalen Argument steht. Diese Eigenschaft des Apostrophs wird genutzt, um aktuelle Parameter untereinander oder mit anderen Zeichen zu verketten. Wenn ein Apostroph erhalten bleiben soll, so sind in der Makrodefinition zwei Apostrophe zu schreiben.

Beispiel:

```
.MACRO MAC3 P1,P2,P3
P1'P3: .RAD50 /P1'P2'P3'Ø/
       .BYTE "P1,"P2
       .ENDM
```

Wenn der Makro durch folgende Quellanweisung aufgerufen wird:

MAC3 A,B,1Z2

so werden die Anweisungen

```
A1Z2: .RAD50 /AB1Z20/
      .BYTE 'A,'B
```

generiert.

4.3.3. Numerische Symbole

Zur Bildung von Symbolen in Makrodefinitionen können auch numerische Symbole benutzt werden. Dadurch wird es möglich, daß z. B. beim mehrmaligen Aufruf eines Makros doppelt definierte Symbole vermieden werden. Ein numerisches Symbol wird von einem aktuellen Parameter gebildet, wenn dem aktuellen Parameter der Operator \ (Backslash) im Makroruf vorangestellt wird. Der Operator \ bewirkt, daß der numerische Wert des aktuellen Parameters zum Zeitpunkt des Aufrufes des Makros in eine Zeichenkette entsprechend der aktuellen Basis des Zahlensystems umgewandelt wird, wobei Vornullen unterdrückt werden.

Beispiel:

```
.MACRO DEFW P1,P2
DEFWD  P1,P2, \MACIND
MACIND=MACIND+1

.ENDM
.MACRO DEFWD Z1,Z2,Z3
M'Z3:   .WORD Z1,Z2
        .ENDM
```

Bevor der Makro **DEFW** das erste Mal aufgerufen wird, muß **MACIND** definiert werden:

MACIND=Ø.

Beim ersten Aufruf des Makros

DEFW FELD,5Ø.

werden die folgenden Anweisungen generiert:

```
mØ:     .WORD FELD,5Ø.
MACIND=MACIND+1
```

Es wird als Symbol **mØ** generiert. Anschließend wird **MACIND** um 1 erhöht. Beim nächsten Aufruf des Makros **DEFW** wird dann das Symbol **M1** gebildet usw.

4.3.4. Die automatische Generierung lokaler Symbole

In Makrodefinitionen werden oft interne Symbole benötigt. Dafür können lokale Symbole benutzt werden. Der Makroassembler ersetzt formale Argumente automatisch durch lokale Symbole, wenn das formale Argument in der **.MACRO**-Anweisung durch ein vorangestelltes Fragezeichen (**?**) gekennzeichnet und im Makroruf das formale Argument durch keinen aktuellen Parameter ersetzt wird. Für die Makrogenerierung sind die lokalen Symbole **64○** bis **127○** reserviert. Es wird automatisch immer das nächste freie Symbol belegt. Wenn die lokalen Symbole erschöpft sind, so kann vom Programmierer durch eine **.ENABL-LSB**-Anweisung ein neuer lokaler Symbolblock eröffnet werden.

Beispiel:

```
.MACRO MAC4 P1,P2,?P3,?P4
MOV         P1,R1
P3:     CMP RØ,(R1)+
        BMI P4
        DEC P2
        BNE P3
P4:
.ENDM
```

Durch den Makroruf

MAC4 FELD,ZAHL,,MARKE

werden folgende Anweisungen generiert:

```
MOV     #FELD,R1
64○:    CMP RØ,(R1)+
        BMI MARKE
        DEC ZAHL
        BME 64○
MARKE:
```

4.4. Die Makroattributanweisungen

In der Makroassemblersprache MACRO-SM sind die Makroattributanweisungen **.NARG**, **.NCHR** und **.NTYPE** realisiert. Die Anweisung **.NARG** wird in Makrodefinitionen benutzt, um die Anzahl der im Makroruf spezifizierten aktuellen Parameter zu bestimmen. Die Anweisung hat folgende Syntax:

.NARG *symbol*

wobei dem Symbol ein Wert zugewiesen wird, der der Anzahl der aktuellen Parameter des Makrorufes entspricht.
Die Anweisung **.NCHR** kann in Assemblerprogrammen und in Makrodefinitionen benutzt werden, um die Anzahl der Zeichen einer Zeichenkette zu bestimmen. Besondere Bedeutung hat die Anweisung für die Bestimmung der Zeichenkettenlänge von aktuellen Parametern in Makrorufen. Sie hat folgende Syntax:

.NCHR *symbol[,⟨string⟩]*

wobei:
symbol – ein Symbol ist, dem ein Wert zugewiesen wird, der der Anzahl der Zeichen der Zeichenkette ⟨*string*⟩ entspricht;
, – ein zulässiges Trennzeichen (Komma, Leerzeichen und/oder Tabulator) ist;
⟨*string*⟩ – die Zeichenkette spezifiziert, von der die Länge bestimmt werden soll. Enthält die Zeichenkette Trennzeichen, so muß sie in spitze Klammern oder in eine Pfeilkonstruktion ^*x* ... *x* eingeschlossen werden. Die spitzen Klammern bzw. die Begrenzer der Pfeilkonstruktion werden nicht mitgezählt. Wenn die Zeichenkette spitze Klammern enthält, so muß die Zeichenkette mit einer Pfeilkonstruktion eingeschlossen werden. Wird in der Anweisung keine Zeichenkette spezifiziert, so wird dem Symbol der Wert Ø zugewiesen.

Beispiel:

```
.NCHR  ZZ,⟨ALPHA=⟩
            ;DEM SYMBOL ZZ WIRD
            ;DER WERT 6 ZUGEWIE-
            ;SEN
NCHR   XØ,^/PC UND SP ⟨CR⟩/
            ;DEM SYMBOL ZZ WIRD
            ;DER WERT 15 ZUGEWIE-
            ;SEN
```

Die Anweisung **.NTYPE** wird in Makrodefinitionen benutzt, um den Adressierungsmodus eines aktuellen Parameters eines Makrorufes zu bestimmen. Sie hat folgenden Aufbau:

.NTYPE *symbol[,expr]*

wobei:
symbol – ein Symbol ist, dem ein Wert zugewiesen wird, der dem Adressierungsmodus des Adreßausdrucks entsprechend Tafel 8 charakterisiert ist (6 Bit);
, – ein zulässiges Trennzeichen (Komma, Tabulator und/oder Leerzeichen) ist;
expr – ein zulässiger Adreßausdruck ist, wie er auch in symbolischen Maschinenbefehlen benutzt werden kann. Wenn kein Ausdruck spezifiziert wird, so wird dem Symbol der Wert Ø zugewiesen.

Beispiel:

```
.MACRO LAD P1
.NTYPE  MOD,P1
.IF     EQ,MOD-27
MOV     P1,R4
.MEXIT
.ENDC
.IF     NE,MOD-67
.ERROR ;FALSCHER ADRESSIE-
       ;RUNGSMODUS
.MEXIT
.ENDC
MOV     #P1,R4
.ENDM
```

Bei dem Makroruf
LAD #FELD+2
wird der Befehl MOV #FELD+2,R4 generiert.
Bei dem Makroruf
LAD FELD+2
wird der gleiche Befehl wie beim vorhergehenden Aufruf generiert. Bei allen anderen Adressierungsmodi wird kein Befehl generiert und die Generierung mit einem P-Fehler abgebrochen.

4.5. Makrodefinitionen aus der Makrobibliothek

Für den Anwender besteht die Möglichkeit, Makrodefinitionen mit dem Bibliothekar LBR in einer Makrobibliothek abzuspeichern. Außerdem kann der Nutzer auf die Systemmakrobibliothek zurückgreifen. Der Aufruf der Makrodefinitionen aus den Makrobibliotheken erfolgt mit der **.MCALL**-Anweisung vor der ersten Generierung. Sie hat folgende Syntax:

.MCALL *arg [, arg, [, ...]]*

Tafel 8 Übersicht über die Adressierungsarten

Notation	Numerischer Wert	Bezeichnung	Bedeutung
R	Øn	Register-adressierung	Das Register R enthält den Operanden.
(ER) oder @R	1n	Register-Indirekt-Adressierung	Das Register R enthält die Adresse des Operanden.
(ER)+	2n	Autoinkrement-Adressierung	Das Register, spezifiziert durch ER, enthält die Adresse des Operanden. Nach der Operation wird der Registerinhalt erhöht.
@(ER)+	3n	Autoinkrement-Indirekt-Adressierung	Das Register, spezifiziert durch ER, enthält die Adresse der Adresse des Operanden. Nach der Operation wird der Registerinhalt erhöht.
−(ER)	4n	Autodekrement-Adressierung	Das Register, spezifiziert durch ER, enthält die Adresse des Operanden, die vor der Operation erniedrigt wird.
@−(ER)	5n	Autodekrement-Indirekt-Adressierung	Das Register, spezifiziert durch ER, enthält die Adresse der Adresse des Operanden. Vor der Operation wird der Registerinhalt erniedrigt.
E(ER)	6n	Index-Adressierung	Der Ausdruck E plus der Inhalt des Registers, spezifiziert durch ER, ergeben die Adresse des Operanden. Die Indexkonstante E steht nach dem OPC im Speicher.
@E(ER)	7n	Index-Indirekt-Adressierung	Der Ausdruck E plus der Inhalt des Registers, spezifiziert durch ER, ergeben die Adresse der Adresse des Operanden. Die Indexkonstante E steht nach dem OPC im Speicher.
#E	27	Direktwert-adressierung	Der Ausdruck E ist der Operand selbst. Der Direktwert steht nach dem OPC im Speicher.
@#E	37	Absolute Adressierung	Der Ausdruck E ist die Adresse des Operanden. Nach dem OPC steht die absolute Adresse im Speicher.
E	67	Relative Adressierung	Der Ausdruck E ist die Adresse des Operanden. Nach dem OPC steht die relative Adresse als Differenz der Operandenadresse und des Befehlszählers im Speicher.
@E	77	Indirekte relative Adressierung	Der Ausdruck E ist die Adresse der Adresse des Operanden. Nach dem OPC steht die relative Adresse als Differenz der Adresse der Adresskonstante und des Befehlszählers im Speicher

n – Natürliche Zahl zwischen Ø und 7 als Registernummer
R – Registerausdruck (Register expression)
E – Ausdruck (Expression)
ER – Registerausdruck oder Ausdruck, der einen Wert von Ø bis 7 ergibt.

wobei *arg* für die Namen der benötigten Makrodefinitionen steht. Die Suche der Makrodefinitionen erfolgt zunächst in den Nutzerbibliotheken, die in der Kommandozeile für den Makroassembler spezifiziert wurden. Danach wird die Suche in der Systemmakrobibliothek fortgesetzt. Wird eine Makrodefinition nicht gefunden, so wird das Fehlerzeichen U gesetzt.

4.6. Indirekte Makrodefinitionen

Unter einer indirekten Makrodefinition wird die Definition eines Wiederholungsblockes verstanden, die eine zyklische Generierung der Anweisungen des Wiederholungsblockes an der Stelle im Programm bewirkt, wo der Wiederholungsblock definiert ist. Wiederholungsblöcke können im Assemblerprogramm und in Makrodefinitionen angewendet werden.
Wiederholungsblöcke werden durch eine **.IRP**-, **.IRPC**- oder **.REPT**-Anweisung eingeleitet und mit einer **.ENDM**-Anweisung abgeschlossen. Für die Substitution formaler Argumente durch aktuelle Parameter gelten die gleichen Regeln wie für Makrodefinitionen (siehe 4.3.).

4.6.1. Die .IRP-Anweisung

Bei der **.IRP**-Anweisung wird ein formales Argument nacheinander durch mehrere aktuelle Parameter ersetzt. Dabei werden die Modellanweisungen des Wiederholungsblockes für jeden aktuellen Parameter einmal generiert. Die Anzahl der Wiederholungen wird somit durch die Anzahl der aktuellen Parameter bestimmt. Der Wiederholungsblock mit der **.IRP**-Anweisung hat folgenden Aufbau:

.IRP *arg*, ⟨*par1*,*par2*,...⟩
...
...
Modellanweisungen
...
...
.ENDM

wobei
arg – ein Symbol darstellt, das als formales Argument benutzt wird;
, – ein zulässiges Trennzeichen (Komma, Tabulator und/oder Leerzeichen) ist;
⟨*par1,par2*, ...⟩ – die Liste der aktuellen Parameter darstellt. Die aktuellen Parameter müssen durch ein zulässiges Trennzeichen getrennt und in spitze Klammern eingeschlossen werden. Die einzelnen Parameter können bei Notwendigkeit selbst in spitze Klammern oder in eine Pfeilkonstruktion eingeschlossen werden.

Beispiel:
```
.IRP  P1, ⟨ALPHA,BETA,GAMMA⟩
 ADD  P1,RØ
.ENDM
```
Es werden folgende Anweisungen generiert:
```
 ADD  ALPHA,RØ
 ADD  BETA,RØ
 ADD  GAMMA,RØ
```

4.6.2. Die .IRPC-Anweisung

Bei der **.IRPC**-Anweisung wird ein formales Argument nacheinander durch das jeweils nächste Zeichen einer Zeichenkette ersetzt. Die Anzahl der Generierungen des Wiederholungsblockes wird durch die Länge der Zeichenkette bestimmt. Der Wiederholungsblock mit der **.IRPC**-Anweisung hat folgenden Aufbau:

.IRPC *arg*, ⟨*string*⟩
...
...
Modellanweisungen
...
...
.ENDM

wobei
arg – ein Symbol darstellt, das als formales Argument benutzt wird;
, – ein zulässiges Trennzeichen (Komma, Tabulator und/oder Leerzeichen) ist;
⟨*string*⟩ – die Zeichenkette darstellt, deren Zeichen als aktuelle Parameter eingesetzt werden. Die Zeichenkette muß in spitze Klammern eingeschlossen werden, wenn sie Trennzeichen enthält.

Beispiel:
```
.IRPC  PØ,ERG=
 MOVB#"PØ,(R2)+
.ENDM
```
Es werden folgende Anweisungen generiert:
```
MOVB  #'E,(R2)+
MOVB  #'R,(R2)+
MOVB  #'G,(R2)+
MOVB  #'=,(R2)+
```

4.6.3. Die .REPT-Anweisung

Die **.REPT**-Anweisung wird benutzt, um eine Anzahl von Quellanweisungen mehrfach unverändert zu generieren. Der Wiederholungsblock mit der **.REPT**-Anweisung hat folgenden Aufbau:

.REPT *expr*
...
Quellanweisungen
...
.ENDM (auch **.ENDR**)

wobei
expr – ein zulässiger Ausdruck ist, der die Anzahl der Wiederholungen angibt. Wenn der Ausdruck den Wert 0 ergibt, so wird keine Anweisung generiert.

(wird fortgesetzt)

32-Bit-Mikroprozessoren

Wolf-Dietram Bretschneider, Dresden

Die derzeitigen Integrationsgrade ermöglichen die Herstellung von Mikroprozessoren, die den sogenannten Minicomputern ähneln und aufgrund der 32-Bit-Verarbeitungsbreite bereits Aufgaben lösen, die bisher Großrechnern vorbehalten waren. Dabei existiert meist der Prozessor nicht allein auf dem Chip, sondern es sind Einheiten wie Fließkommaprozessor (FPU – Floating Point Unit) oder Speicherverwaltungseinheit (MMU – Memory Management Unit) mit integriert. Infolge der Aufwärtskompatibilität können die Programme der kleineren „Verwandten“ einer Prozessorfamilie weiterhin verwendet werden. Im folgenden Text werden einige Vertreter der 32-Bit-Technik vorgestellt.

1. Allgemeine Merkmale

Hervorzuheben sind die fein abgestuften Unterbrechungsstrukturen, die Unterstützung von Multitaskingsystemen und vielfältige Debuggerfunktionen zur Erleichterung der Programmentwicklung. Außerdem besitzen alle Prozessoren spezielle Befehle zur Kommunikation mit Entlastungsprozessoren (EPU). Neben den bekannten Datentypen wie Byte, Wort oder Langwort werden gepackte und ungepackte BCD-Zahlen, Quadwort-Daten mit 64 Bit Länge und Bitfelder mit angegebener Feldweite w verarbeitet. Als Bitfeld versteht man eine Reihe, bestehend aus einer bestimmten Anzahl Bits, die an einer vorgegebenen Adresse beginnt. Zu dieser Zugriffsadresse gehört noch ein Offset, der die Anzahl der Bits bis zum ersten Bit des Feldes angibt. Bild 1 zeigt die Datenorganisation.

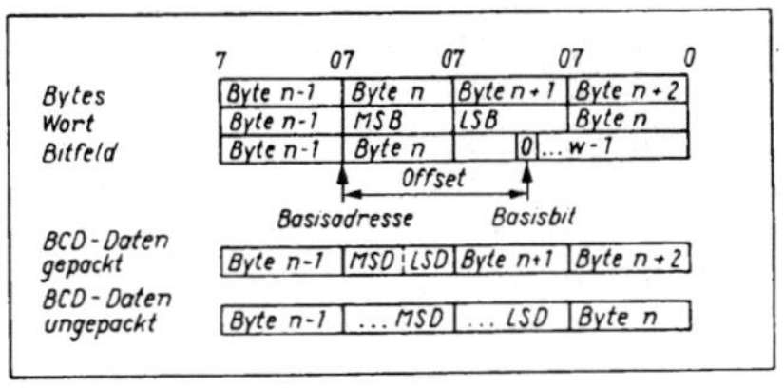

Bild 1 Datenformate im Rechner

Ein weiteres Merkmal der 32-Bit-Prozessoren ist das gleichzeitige Laden der nächsten Befehle in mehrstufige Register (Pipeline) und das Abarbeiten vorheriger Instruktionen. Besonders bewähren sich dabei auf dem Prozessorchip integrierte Cache-Speicher, die einen extrem schnellen Arbeitsspeicher vortäuschen. Findet der Prozessor eine gültige Information im Cache, so entfällt der Buszyklus zum Laden. Andernfalls wird bei Ausführung des Speicherzugriffs auch der Cache aktualisiert.

Die Buszugriffe erfolgen asynchron, das heißt, der Prozessor erhält vom angesprochenen Speicher ein Signal, wenn sich gültige Daten auf dem Bus befinden. Zum Auffinden von Softwarefehlern stehen spezielle Bits im Statusregister zur Verfügung, die ein schrittweises Abarbeiten der Befehle (Trace) bzw. ein Bearbeiten des Programms bedingungsgesteuert (Trace-Pending) zulassen. Außerdem besteht die Möglichkeit zum Setzen von Unterbrechungspunkten im Programmablauf.

In Tafel 1 ist eine Übersicht einiger 32-Bit-Prozessorfamilien dargestellt.

Tafel 1 Übersicht einiger 32-Bit-Familien

Hersteller	*Bezeichnung*	*spezielle Eigenschaften*
National Semiconductor	*NS 32008*	*8-Bit-Datenbus, 24-Bit-Adreßbus, intern 32 Bit*
	NS 32016	*16-Bit-Datenbus, sonst wie 32008*
	NS 32032	*32-Bit-Daten- und Adreßbus*
Zilog	*Z 80000*	*32-Bit-Daten- und Adreßbus intern 32 Bit, mit MMU*
Intel	*I 80386*	*32-Bit-Daten- und Adreßbus große virtuelle Speicher adressierbar, mit MMU*
Motorola	*MC 68008*	*8-Bit-Datenbus*
	MC 68000	*16-Bit-Datenbus, 24-Bit-Adreßbus, intern 32 Bit*
	MC 68010	*Weiterentwicklung des 68000 mit Vektor-Basis-Register*
	MC 68020	*32-Bit-Daten- und Adreßbus Modulkonzept*
	MC 68030	*Weiterentwicklung des 68020 mit doppelter Cachestruktur für Daten und Befehle, mit MMU*

2. National Semiconductor 32032

Der 32032 war bzw. ist einer der ersten 32-Bit-Prozessoren mit guter Unterstützung höherer Programmiersprachen und mit Modulkonzepten. In Bild 2 wird das Programmiermodell dargestellt.

Der 32032 kann 16 MByte adressieren, enthält 8 Universalregister, 32 Bit breit, zum Arbeiten mit den Operanden. Weiterhin stehen 24-Bit-Register zur indizierten oder relativen Adressierung, zwei Stackpointer zur Trennung von System- und Anwenderstack sowie zusätzliche Register für Flags und den aktuellen Prozessor- und Modulstatus zur Verfügung. Bei einem Modulaufruf enthält das Register MOD eine genaue Beschreibung des Moduls. Das 4-Bit-Register CFG gibt Aufschluß über die Rechnerkonfiguration mit eventuell vorhandenen FPU (Bit = 1), MMU (Bit M = 1), EPU (Bit C = 1) oder externem Interruptcontroller (Bit I = 1).

3. Intel 80386

Die in Bild 3 dargestellten Register erinnern stark an die Vorgängermodelle des 80386 (z. B. Register EAX = AX-Reg. des 8086), zu denen er codekompatibel ist. Aufgrund reich-

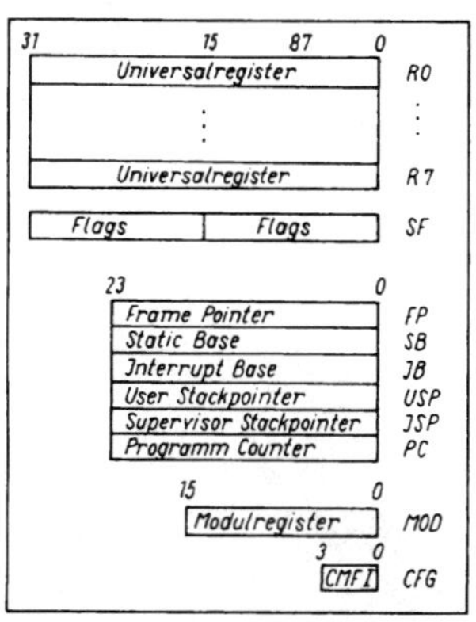

Bild 2 Registersatz des 32032

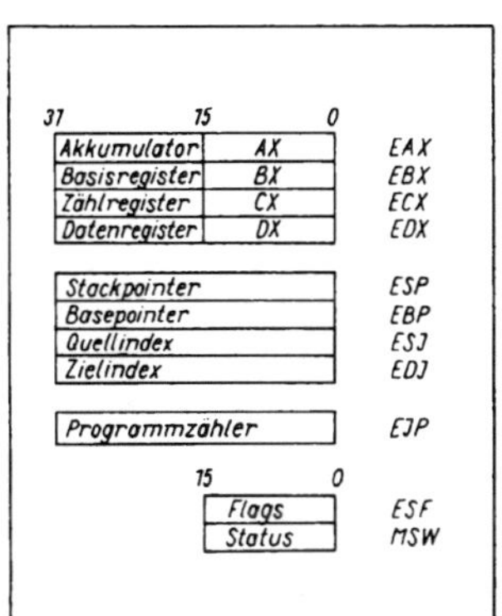

Bild 3 Register des 80386 ohne MMU

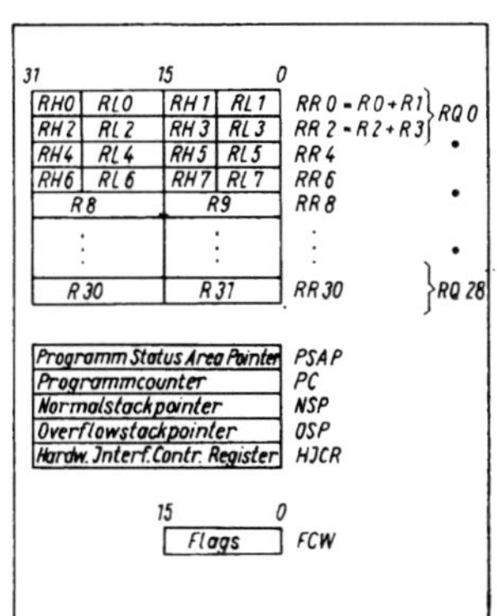

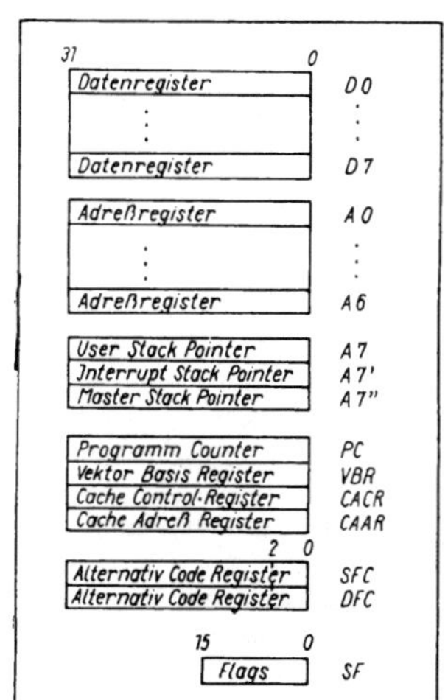

Bild 4 Register des Z 80000 ohne MMU

Bild 5 Register des 68020 (68030 ohne MMU)

Wolf-Dietram Bretschneider (33) absolvierte von 1978 bis 1983 ein Elektronikfernstudium an der Ingenieurschule für Elektronik und Informationsverarbeitung Görlitz und von 1985 bis 1987 ein postgraduales Studium Mikroprozessortechnik an der Technischen Universität Karl-Marx-Stadt.
Er ist gegenwärtig als Prüffeldingenieur für rechnergesteuerte Prüfautomaten tätig.

lich vorhandener Software gehört die Intelfamilie zu den am weitesten verbreiteten Mikroprozessoren. Im virtuellen 8086-Modus kann der 80386 uneingeschränkt Vorgängerprogramme abarbeiten. Beim Übergang von Mehrrechnersystemen mit dem 8086 zum Einsatz eines 80386 in dem System sind keine Programmänderungen nötig.
Die Register EAX ... EDX ermöglichen das Arbeiten mit Operanden, die Zeiger- und Indexregister dienen zusammen mit den nicht im Bild angegebenen Segment-Selektor-Registern der mit auf dem Chip integrierten MMU der Adreßmanipulation. Die Leistungsfähigkeit der MMU garantiert die sichere Verwaltung des virtuellen Speichers. Im Maschinen-Status-Wort (MSW) werden der Adreßmode und die Funktion der MMU vereinbart. Das Flag-Control-Wort unterteilt sich in System- und Anwenderbyte.

4. Zilog Z 80000

Wie schon der Z 8000, so fällt auch sein Nachfolger durch die ungewöhnlich hohe Anzahl von Universalregistern auf, deren Länge auf 64 Bit erweitert werden kann. Der Z 80000 hat ebenfalls die MMU mit auf dem Prozessorchip integriert und besitzt einen 256 Byte großen Cachespeicher. In Bild 4 wird die Architektur verdeutlicht.
Die CPU kann in drei Adreßmodes arbeiten, die im Flag-Control-Wort vereinbart werden. Dabei entspricht der Compactmode dem Z 8002 mit 64 KByte adressierbarem Speicherbereich. Der segmentierte Modus unterscheidet Segmente mit einer Größe von 64 KByte (Z 8001) und 16 MByte. Im linearen Modus ist die Adresse 32 Bit lang. Die Unterscheidung von Normal- und Systemmode bedingt getrennte Stackbereiche. Dazu existieren der Normalstackpointer als separates 32-Bit-Register und die vom Adreßmode abhängige Verwendung der Register RR12 und RR13 als Systemstack- bzw. Framepointer. Bei schwerwiegenden Systemfehlern werden die zur Wiederherstellung der CPU-Funktion benötigten Informationen aus dem Speicherbereich geladen, den der OSP adressiert. Das HICR beschreibt Merkmale der Hardwarekonfiguration im Zusammenspiel mit der CPU (z. B. Wartezyklen für Speicher- und Peripherieschaltkreise oder Angaben über die Portweiten bei systemfremder Peripherie).

5. Motorola 68020

Der 68000 der Firma Motorola war der erste Prozessor, der mit 16-Bit-Daten- und 24-Bit-Adreßbus intern über 32 Bit breite Register verfügte. Die ständige Weiterentwicklung des Grundtyps führte über den 68010 zum echten 32-Bit-Prozessor 68020 bzw. 68030. Die Registerstruktur stellt Bild 5 dar.
Das Vektor-Basis-Register enthält die Anfangsadresse der Sprungtabelle bei Ausnahmebehandlungen während des Programmablaufes und wurde erst ab dem 68010 implementiert. Diese erste Weiterentwicklung zeichnete sich durch eine Vervollkommnung des sogenannten Loop-Modus aus, der veranlaßt, daß die dafür vorgesehenen Befehle innerhalb bedingungsgesteuerter Schleifen in dem mehrstufigen Befehlsregister verbleiben. Es werden nur noch für die zu verarbeitenden Daten Buszyklen ausgeführt. Die Funktionscodeleitungen lassen neben der Interrupt- bzw. Breakpointbestätigung eine Unterscheidung der angesprochenen Speicherbereiche zu. Die unbenutzten Codierungen können mittels spezieller Befehle vom Programmierer in die Alternativ-Funktions-Coderegister geladen werden und zum Schreiben (SFC) oder Lesen (DFC) in fremden Speicherbereichen benutzt werden, da sie als extra Status ausgegeben sind. Ab dem 68020 mit integriertem Cache für Befehle gibt es zwei weitere Register. Das CAAR bestimmt das Feld des Cachespeichers, das jeweils durch einen speziellen vom CACR ausgelösten Befehl gelöscht wird. Beim Betrachten der Daten- und Adreßregister fällt die Dreiteilung des als Stackpointer verwendeten A7 auf.
Welcher der beiden Stackpointer im Supervisormode aktiv ist, A7' oder A", bestimmt ein Bit des Statusbytes. Die Umschaltung ist privilegiert, und falls ein Bit während des Programmlaufes nicht verändert wird, bleibt der 68020 kompatibel zu seinen Vorgängern. Die Dreiteilung läßt das Ablegen aller residenten Prozeßdaten auf dem Masterstack zu, während auf dem Interruptstack der normale Supervisorbetrieb abläuft. Soll ein Taskwechsel stattfinden, so wird vom Betriebssystem der momentane Status der abgeschalteten Task im Masterstack abgelegt. Diese Vorgehensweise findet man auch bei der Weiterentwicklung, dem 68030, der nebem einer MMU einen zweiten Cachespeicher für Daten auf dem Chip integriert hat. Durch das intern doppelt ausgelegte Bussystem können Cache und MMU parallel arbeiten.

Literatur

/1/ Stuhlmüller, P.: 16 Bit Generation Z 8000. München te-wi-Verlag 1980
/2/ Grohmann, B.; Eichler, L.: Das Prozessorbuch zum 68000. Data Becker Verlag, Düsseldorf 1985
/3/ Fäh, P.: CALM-Allgemeine Assemblersprache. Fribourg/Schweiz 1985
/4/ Nachtmann, L: Neue Mikroprozessoren. Chip 12/1986
/5/ Z 80000 Produkt Spezifikation. Zilog 1983

Technik international

heißt eine neue MP-Rubrik, in der wir in loser Folge in Form eines „Steckbriefs" internationale Neuentwicklungen vorstellen.

32-Bit-PC PCD-3T

Der Siemens PCD-3T ist ein Standmodell auf Basis des 32-Bit-Prozessors 80386. Er erweitert die Produktpalette der Siemens-PC nach oben hin. Eingesetzt wird er als leistungsfähiger Server im Netz oder an Abteilungsarbeitsplätzen. Der PCD-3T verfügt über 6 freie Steckplätze für Erweiterungskarten. Es können bis zu 7 Slimline-Laufwerke eingebaut werden. Als Diskettenlaufwerke werden 3½" sowie 5¼" angeboten, die auf Wunsch auch im Gerät kombiniert werden können. Neben MS-DOS wird 1988 als neues Betriebssystem auch MS-OS/2 angeboten werden.
Die Bildschirmdarstellung ist schwarz auf weiß. Auf inverse Darstellung kann umgeschaltet werden. Es ist auch ein Farbbildschirm anschließbar.

Der PCD-3T enthält eine Elektronikgrundplatine mit dem Prozessor 80386, der mit einer Taktfrequenz von 16 MHz betrieben wird. Prozessor und Speicher arbeiten durch spezielle Technik so eng zusammen, daß die meist üblichen Wartezyklen bei Speicheroperationen entfallen können. Damit wird die Leistung des Prozessors bestmöglich genutzt. Zur Beschleunigung von arithmetischen Rechenoperationen kann der Numerikprozessor 80387 eingebaut werden. Die Taktfrequenz kann auf 6 MHz oder 8 MHz zurückgeschaltet werden. Der Speicherausbau beginnt bei 1 MByte und kann auf der Grundplatine integriert bis auf 16 MByte erweitert werden.
Zur Softwareausstattung des PCD-3T gehören MS-DOS 3.2, MS-Windows mit MS-Write und MS-Paint sowie GW-Basic. *MP*

Foto: Siemens

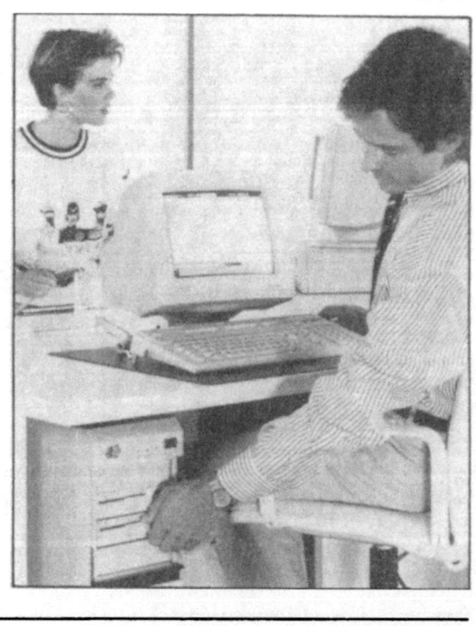

256-K-dRAM-Modul für KC 85/2 (/3)

Albrecht Barthel, Holger Krieg
Strausberg

Grundlagen

Ausgehend vom Systemkonzept der Kleincomputer aus Mühlhausen, insbesondere der Möglichkeit der softwaremäßigen Verwaltung der Speichermodule, ist es machbar, Speicher der Größenordnung 256 KByte und mehr eineindeutig zu verwalten. Die Adressenerzeugung erfolgt über OUT-Befehle der CPU, wobei durch die Auswertung des Datenbusses die Adresse eingestellt wird. So ist es auch möglich, daß Speicherblocks eines Moduls in ihrer Basisadresse verschoben werden können. Beispielsweise kann der Modul M022 (16 KdRAM) auf vier verschiedene Basisadressen (0000H), 4000H, 8000H, C000H) gelegt werden. Analog ist es beim 64-K-dRAM-Modul M011, wobei dann die Speicherblocks (jeweils 16 K) innerhalb des 64-K-Adreßraumes entsprechend verschoben werden. Die Tafel 1 soll dies darstellen. Sie wurde /1/ entnommen.
Zur Realisierung dieser Verschiebung (Generierung der Basisadresse) werden die Bits 6 und 7 des Datenbusses ausgewertet. Zur Aktivschaltung wird das Bit 0 ausgewertet. Das Bit 1 dient als Schreibschutzbit und ist low-aktiv. Die Bits 2, 3, 4 und 5 bleiben also beim 64-K-Modul unausgewertet. Auf der Basis der Leiterkarte des Moduls M011 (64-K-RAM) wurde mit den Schaltkreisen 41256 (Organisation 256Kx1 Bit) ein 256-K-dRAM-Modul aufgebaut. Zur Verwaltung dieses Moduls werden im Steuerbyte zusätzlich die Bits 2 und 3 verwendet (Tafel 2).
Durch Auswerten der Bits 2 und 3 ist es somit möglich, vier 64-K-Blöcke zu selektieren. Es sind damit vier Ebenen (Blocks) im Modul mit jeweils 64 KByte verfügbar. Auf diese 64 KByte kann die CPU entsprechend der Prioritätslogik zugreifen, d. h., es darf, um zugreifen zu können, kein höherpriorisierter Speicherbereich aktiv auf dem gleichen Adreßbereich liegen. Jede dieser Ebenen verhält sich somit genauso im System wie ein 64-K-Modul. Siehe dazu auch /1/ und /2/.

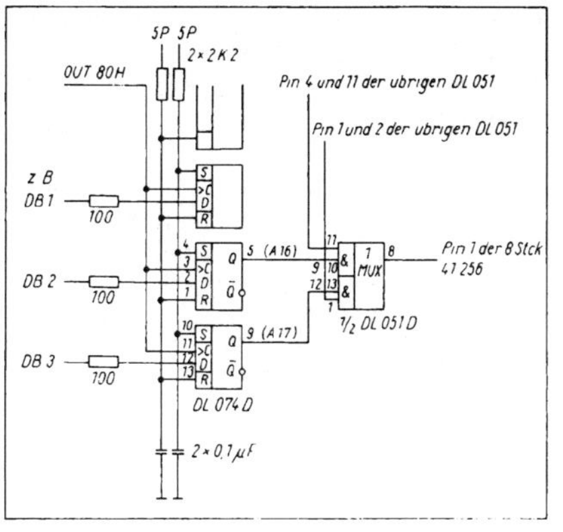

Bild 1 Schaltplan (Auszug)

Tafel 2 Belegung des Steuerbytes

Bit 0	Modulaktivbit 0 – Modul inaktiv 1 – Modul aktiv
Bit 1	Schreibschutzbit 0 – nur Lesen 1 – Lesen und Schreiben
Bit 2	Ebenenselekt (1)
Bit 3	Ebenenselekt (1) 00 – Ebene 0 01 – Ebene 1 10 – Ebene 2 11 – Ebene 3
Bit 4	bleibt unausgewertet
Bit 5	bleibt unausgewertet
Bit 6	Basisadresse
Bit 7	Basisadresse 00 – Basisadresse 0000H 01 – Basisadresse 4000H 10 – Basisadresse 8000H 11 – Basisadresse C000H

(1) diese Bits werden nur beim 256-K-Modul ausgewertet

Tafel 1 Basisadressen des 64-K-Adreßraumes

Basisadresse	Steuerbyte	Adr. 0000	Adr. 4000	Adr. 8000	Adr. C000
0000 H	03	Block 1	Block 2	Block 3	Block 4
4000 H	43	Block 2	Block 1	Block 4	Block 3
8000 H	83	Block 3	Block 4	Block 1	Block 2
C000 H	C3	Block 4	Block 3	Block 2	Block 1

Hardware

Wie bereits beschrieben, werden die Bits 2 und 3 ausgewertet. Diese Auswertung erfolgt, indem die Datenleitungen der Bits 2 und 3 über einen Widerstand (100 Ohm) mit den Dateneingängen je eines R-S-Flip-Flops (DL 074) verbunden werden. Über die OUT-Adresse 80 H wird dieses Flip-Flop getaktet. D. h., bei einem OUT-Befehl mit der OUT-Adresse 80H werden die Ausgänge der beiden Flip-Flops dem Logikpegel der Datenbits 2 und 3 entsprechend gesetzt. Die Flip-Flop-Ausgänge werden einem Multiplex-Gatter eines zusätzlichen Schaltkreises DL 051 zugeführt. Am Ausgang dieses Multiplexers steht dabei die Adresse A8 zur Verfügung. Diese Adresse wird dem Pin 1 der acht Schaltkreise 41 256 bzw. dem pinkompatiblen sowjetischen Typ K565RU7 (256K∗1 Bit-dRAM mit 7-Bit-Refresh) zugeführt und entspricht den Adreßbits A 16 und A 17. Das beschriebene Prinzip wird im Schaltplan (Bild 1) nochmal konkret dargestellt. Den fertigen Modul, entstanden aus dem Modul M011 (64 KdRAM) zeigen die Fotos (Bilder 2 und 3).
Die Modulsteuerworterzeugung wird über relativ dressierte OUT-Befehle der CPU realisiert. Dabei haben die einzelnen Register folgende Funktionen:

Register C:
Der Inhalt des Registers C bildet die OUT-Adresse, nach der ein OUT-Befehl gegeben wird. Das wird auch als relative Adressierung bezeichnet.

Register B:
Bei relativ adressierten OUT-Befehlen wird der Inhalt des Registers B auf die Adreßbits A8 und A15 gelegt. Diese Eigenschaft wird beim Systemkonzept des HC900 und Nachfolgemodellen konsequent genutzt, indem der Inhalt des Registers B die Steckplatzadresse des Moduls (08H oder 0CH) bildet.

Akkumulator (Register A):
Der Inhalt des Akku wird beim entsprechen-

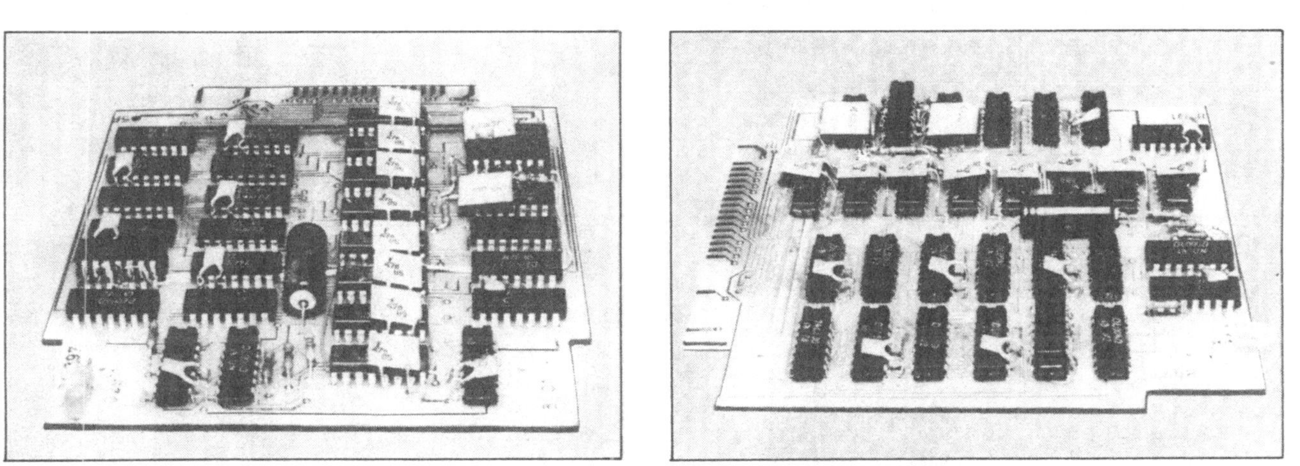

Bilder 2 und 3 Der fertige Modul aus unterschiedlicher Perspektive gesehen *Fotos (2): Barthel*

den OUT-Befehl auf den Datenbus gelegt und wie oben beschrieben ausgewertet. Der OUT-Befehl hat also die Form:
OUT (C), A
Diese Methodik wird u. a. bei dem Systemprogramm SWITCH bzw. dem Systemunterprogramm MODU (UP Nr.: 26H) konsequent genutzt. Siehe dazu auch /2/.

Zur Software

Bis zur Verfügbarkeit des Erweiterungsaufsatzes zur Ansteuerung eines oder mehrerer Floppy-Disk-Laufwerke kann der vorgestellte Modul sehr effektiv unter dem derzeitigen ROM-residenten Betriebssystem CAOS verwaltet werden. Dazu wurden bisher vier Menüfunktionen EBENE, INIT, SYs und RSYs implementiert.
Dieser kleine Zusatz zum Monitor residiert ab BE00H. Es wird damit folgendes realisiert:
Das Programm ist auf Kassette als selbststartendes Maschinenprogramm abgelegt und löscht unmittelbar nach erfolgreichem Laden alle 4 Ebenen des RAM-Moduls vollständig. Erst dann können die aufgeführten Kommandos aufgerufen werden. Die Kommandos INIT, SYs und RSYs sind im Menü nicht sichtbar, können aber aufgerufen werden. Siehe dazu auch /3/.

Funktion EBENE (n)

Es wird als Parameter die gewünschte Ebene aktiviert. Als Parameter sind also die Ziffern 0 bis 3 zulässig. Durch das Programm wird dann folgender Algorithmus abgearbeitet:

- Verlegen des System-Workspace in den IRM ab BFFFH abwärts
- Zuschalten des 256-K-RAM-Moduls in der entsprechenden Ebene
- Abschalten des internen RAM
- Rückverlegen der System-Zellen auf 0130 bis 0200H.

Der Speicher wird bei Aufruf des Kommandos EBENE nicht gelöscht, das heißt, es

4a

```
6000             ;****************************************
6000             ;
6000             ;         PROGRAMMNAME:
6000             ;                             SOFT9
6000             ;
6000             ;         STAND:              17.06.1987
6000             ;         (c)                 A.Barthel
6000             ;
6000             ;----------------------------------------
6000             ;
6000             ;         EBENE      n (0 ... 3)
6000             ;                    n gerufene Ebene
6000             ;                    ohne Parameter nur
6000             ;                    anzeigen !
6000             ;
6000             ;         SYs        legt System in den IRM
6000             ;         RSYs       legt System in den RAM
6000             ;
6000             ;****************************************
6000             ;
6000                       ORG       0BE00H
BE00             ;
BE00             ;
BE00             PV1       EQU       0F003H
BE00             PV3       EQU       0F009H
BE00             REST      EQU       0E000H
BE00             ARGN      EQU       0B781H
BE00             STCK      EQU       0B7AEH
BE00             ;
BE00             ;         es folgen Arbeitszellen,die im
BE00             ;         RAM liegen muessen
BE00             ;         im IRM liegen sie am Ende des
BE00             ;         Funktionstastenspeichers,deshalb
BE00             ;         Vorsicht bei der Arbeit damit !
BE00             ;
BE00             MSCH      EQU       0B99DH  ;MERKER SCHACHT
BE00             MAE       EQU       0B99EH  ;MERKER AKT.EBEN
BE00             MGE       EQU       0B99FH  ;MERKER GER.EBEN
BE00             ;
BE00             ;
BE00             ;
BE00             ;
BE00 C30ABE                JP        INIT    ;SELBSTSTARTADR.
BE03             ;
BE03             ;----------------------------------------
BE03             ;         INIt
BE03             ;----------------------------------------
BE03             ;
BE03 7F7F                  DEFW      7F7FH   ;PROLOG
BE05 494E4974              DEFM      'INIt'
BE09 01                    DEFB      1
BE0A F3          INIT      DI                ;INT AUS
BE0B CDC0BE                CALL      TST     ;STECKPLATZ SUCH
BE0E 2114BE                LD        HL,RIN1 ;RUECKKEHRADR.
BE11 C329BF                JP        IIRM    ;SYST->IRM
BE14 CD47BF      RIN1      CALL      RAMA    ;SYST.RAM AUS
BE17 3A9DB9                LD        A,(MSCH);STCKPL.->L
BE1A 6F                    LD        L,A
BE1B 1603                  LD        D,3     ;EBENE 0, L&S
BE1D CDDDBE                CALL      MCRS    ;4*32K->0
BE20 CBFA                  SET       7,D     ;OBERE 32K
BE22 CDDDBE                CALL      MCRS    ;->0
BE25 CD4CBF                CALL      RAME    ;SYST.RAM EIN
BE28 CD3FBF                CALL      MODAU   ;MODUL AUS
BE2B 3E03                  LD        A,3
```

4b

```
BE2D 329EB9                LD        (MAE),A ;INIT.EBENENMERK
BE30 2168BF                LD        HL,EXH
BE33 C330BF                JP        IRAM    ;SYSTEM ZURUECK
BE36             ;
BE36             ;----------------------------------------
BE36             ;         EBENE
BE36             ;----------------------------------------
BE36             ;
BE36 7F7F                  DEFW      07F7FH
BE38 4542454E              DEFM      'EBENE'
BE3D 01                    DEFB      1
BE3E E5                    PUSH      HL      ;PARAMETER RETT.
BE3F 3A81B7                LD        A,(ARGN)
BE42 FE00                  CP        0       ;KEIN PARAMETER?
BE44 CA7DBE                JP        Z,EBEN1 ;NUR ANZEIGEN
BE47 E1                    POP       HL
BE48 F3                    DI                ;INT AUS !
BE49 7D                    LD        A,L
BE4A CDB0BE                CALL      PARTST
BE4D 329FB9                LD        (MGE),A;STEUERBYTE L&S
BE50 CDC0BE                CALL      TST     ;KANN BEI
BE53 2159BE                LD        HL,RT1  ;SELBSTST. ENTF.
BE56 C329BF                JP        IIRM    ;SYST.->IRM
BE59 3A9EB9      RT1       LD        A,(MAE)
BE5C CD1EBF                CALL      MVOR    ;EINSCH&VERSCH.
BE5F CD07BF                CALL      COPY1   ;STATUS->MODUL
BE62 3A9FB9                LD        A,(MGE) ;GER.EBENE HOLEN
BE65 CD1EBF                CALL      MVOR
BE68 CD10BF                CALL      COPY2   ;STATUS->RAM
BE6B 3A9FB9                LD        A,(MGE) ;AKTUAL.EBENE
BE6E 329EB9                LD        (MAE),A
BE71 CD20BF                CALL      MVR1
BE74 CD4CBF                CALL      RAME    ;SYST.RAM EIN
BE77 2168BF                LD        HL,EXH
BE7A C330BF                JP        IRAM    ;SYST.ZURUECK
BE7D             ;
BE7D             ;
BE7D             ;------ AB HIER NUR ANZEIGEN EBENE -----
BE7D             ;
BE7D             ;
BE7D F1          EBEN1     POP       AF      ;STACK OK MACHEN
BE7E 3A9EB9                LD        A,(MAE)
BE81 CB2F                  SRA       A
BE83 CB2F                  SRA       A       ;BITS POSITIONR.
BE85 CD57BF                CALL      AHEX
BE88 3E0D                  LD        A,0DH   ;NEW LINE
BE8A CD5CBF                CALL      CRT
BE8D 3E0A                  LD        A,0AH
BE8F CD5CBF                CALL      CRT
BE92 C368BF                JP        EXH
BE95             ;
BE95             ;----------------------------------------
BE95             ;         SYs & RSYs
BE95             ;----------------------------------------
BE95             ;
BE95 7F7F                  DEFW      7F7FH
BE97 535973                DEFM      'SYs'
BE9A 01                    DEFB      1
BE9B F3                    DI
BE9C 2168BF                LD        HL,EXH
BE9F C329BF                JP        IIRM
BEA2 7F7F                  DEFW      7F7FH
BEA4 52535973              DEFM      'RSYs'
BEA8 01                    DEFB      1
BEA9 F3                    DI
BEAA 2168BF                LD        HL,EXH
```

kann mit dem Kommando EBENE bereits zwischen zwei im Speicher befindlichen Programmen auf unterschiedlichen Ebenen gewechselt werden, ohne daß eines der beiden Programme zerstört wird. Das hat z. B. beim Test des Debugging erhebliche Vorteile. Weiterhin wird es somit auch möglich, zwei oder mehrere völlig verschiedene System-Programme gleichzeitig in der Maschine zu haben und zwischen ihnen über das Kommando EBENE zu wählen. Beispielsweise kann in der Ebene 0 der BASIC-Interpreter aktiviert sein, mit einem Programm, in dem einige Maschinenroutinen benötigt werden. Die Ebene 1 kann dann mit dem Assembler aktiviert werden, um die entsprechenden Routinen zu erstellen. Danach kann wieder zum BASIC-Interpreter zurückgeschaltet werden, um die Routinen entsprechend einzubinden. Bei Weglassen des Parameters n wird die aktuelle Ebene angezeigt.

Funktion INIt

Sie wird unmittelbar nach dem Laden aufgerufen. Die Selbststartadresse ist BE00H, wo ein Sprung zu dieser Routine erfolgt (Selbststartadresse = Anfangsadresse). Es wird dann zunächst der entsprechende Modulsteckplatz „gesucht". (Modulsteckplatz 0B oder 0C). Wird das Strukturbyte F6H gefunden, so arbeitet das Programm weiter, andernfalls erfolgt eine Fehlermeldung, und das Programm kehrt in die CAOS-Eingabeschleife zurück.

Bei Vorhandensein des Moduls wird dieser automatisch eingeschaltet und der interne RAM nach Aufruf der Routine SYs abgeschaltet. Anschließend wird der gesamte RAM 0 bis 7FFFH gelöscht. Danach wird der nächste Block zugeschaltet und wieder gelöscht, bis alle 265 K mit 0 belegt wurden. Vor dem Rücksprung werden der Modul aus- und der interne RAM eingeschaltet. Letztlich erhalten die Systemzellen die ursprüngliche Belegung (130 bis 200 H – Routine RSYs).

4c

```
BEAD C330BF           JP      IRAM
BEB0           ;
BEB0           ;--------------------------------------
BEB0           ;++++  UNTERPROGRAMME  +++++++++++++++
BEB0           ;--------------------------------------
BEB0           ;
BEB0           ;      PARTST
BEB0           ;
BEB0           ;      TESTET  OB PARAMETER ZULAESSIG
BEB0           ;      UND POSITIONIERT RICHTIG IM BYTE
BEB0           ;
BEB0 F5        PARTST PUSH    AF
BEB1 47               LD      B,A      ;PARAMETER->B
BEB2 3E03             LD      A,3      ;ZUL. MAXIMUM
BEB4 98               SBC     B
BEB5 DA61BF           JP      C,ERRX   ;WENN FEHLER
BEB8 F1               POP     AF
BEB9 CB27             SLA     A        ;BIT 1->3
BEBB CB27             SLA     A        ;BIT 0->2
BEBD F603             OR      3
BEBF C9               RET
BEC0           ;
BEC0           ;      TST     SUCHT MODUL
BEC0           ;              UND LEGT STECKPLATZADR.
BEC0           ;              IN (MSCH) AB
BEC0           ;
BEC0 2E08      TST    LD      L,8      ;STECKPLATZ
BEC2 CDD4BE           CALL    TST1
BEC5 2808             JR      Z,TSTEX
BEC7 2E0C             LD      L,0CH    ;STECKPLATZ
BEC9 CDD4BE           CALL    TST1
BECC C263BF           JP      NZ,ERROR
BECF 7D        TSTEX  LD      A,L
BED0 329DB9           LD      (MSCH),A;MERKER SCHACHT
BED3 C9               RET
BED4 3E01      TST1   LD      A,1
BED6 CD52BF           CALL    MOD1
BED9 7C               LD      A,H
BEDA FEF6             CP      0F6H     ;STRUKTURBYTE
BEDC C9               RET
BEDD           ;
BEDD           ;      MCRS
BEDD           ;      MCR
BEDD           ;      CLEAR
BEDD           ;
BEDD CDF0BE    MCRS   CALL    MCR
BEE0 CBD2             SET     2,D      ;X7 (2.EBENE)
BEE2 CDF0BE           CALL    MCR
BEE5 CBDA             SET     3,D      ;XF (4.EBENE)
BEE7 CDF0BE           CALL    MCR
BEEA CB92             RES     2,D      ;XB (3.EBENE)
BEEC CDF0BE           CALL    MCR
BEEF C9               RET
BEF0           ;
BEF0 CD50BF    MCR    CALL    MODU
BEF3 D9               EXX
BEF4 CDF9BE           CALL    CLEAR
BEF7 D9               EXX
BEF8 C9               RET
BEF9           ;
BEF9 210000    CLEAR  LD      HL,0     ;ANFANG
BEFC 3600             LD      (HL),0   ;"FUELLBYTE"
BEFE 110100           LD      DE,1     ;ANFANG + 1
BF01 01FE7F           LD      BC,7FFEH;LAENGE - 1
BF04 EDB0             LDIR
BF06 C9               RET
```

4d

```
BF07           ;
BF07           ;
BF07           ;      COPY1   kopiert 0000-3FFFH nach
BF07           ;                      4000-7FFFH
BF07           ;      COPY2   kopiert 4000-7FFFH nach
BF07           ;                      0000-3FFFH
BF07           ;
BF07 D9        COPY1  EXX
BF08 210000           LD      HL,0     ;QUELLE
BF0B 110040           LD      DE,4000H;ZIEL
BF0E 1807             JR      COP0
BF10 D9        COPY2  EXX
BF11 210040           LD      HL,4000H;QUELLE
BF14 110000           LD      DE,0     ;ZIEL
BF17 010040    COP0   LD      BC,4000H;COUNTER
BF1A EDB0             LDIR
BF1C D9               EXX              ;STATUS ZURUECK
BF1D C9               RET
BF1E           ;
BF1E           ;
BF1E           ;      MVOR    bereitet KDO. MODU vor
BF1E           ;
BF1E           ;
BF1E CBF7      MVOR   SET     6,A
BF20 57        MVR1   LD      D,A
BF21 3A9DB9           LD      A,(MSCH)
BF24 6F               LD      L,A
BF25 CD50BF           CALL    MODU
BF28 C9               RET
BF29           ;
BF29           ;
BF29           ;      IIRM    LEGT SYSTEM IN DEN IRM
BF29           ;      IRAM    LEGT SYSTEM NACH 130H-
BF29           ;              0200H (NORMAL)
BF29           ;
BF29 31D4BF    IIRM   LD      SP,0BFD4H
BF2C 3EBF             LD      A,0BFH
BF2E 1805             JR      IREX
BF30 31D401    IRAM   LD      SP,1D4H
BF33 3E01             LD      A,1
BF35 ED73AEB7  IREX   LD      (STCK),SP
BF39 1E31             LD      E,31H    ;SIXD
BF3B CD09F0           CALL    PV3
BF3E E9               JP      (HL)
BF3F           ;
BF3F           ;
BF3F           ;      MODAU   SCHALTET MODUL AUS
BF3F           ;      RAMA    SCHALTET SYST. RAM AUS
BF3F           ;      RAME    SCHALTET SYST. RAM EIN
BF3F           ;      MODU    UP NR.26H
BF3F           ;
BF3F           ;
BF3F 3A9DB9    MODAU  LD      A,(MSCH)
BF42 6F               LD      L,A
BF43 1600             LD      D,0
BF45 1809             JR      MODU
BF47 AF        RAMA   XOR     A
BF48 57               LD      D,A
BF49 6F               LD      L,A
BF4A 1804             JR      MODU
BF4C 1603      RAME   LD      D,3
BF4E 2E00             LD      L,0
BF50 3E02      MODU   LD      A,2
BF52 CD03F0    MOD1   CALL    PV1
BF55 26               DEFB    26H      ;MODU
BF56 C9               RET
```

```
BF57              ;
BF57              ;
BF57              ;        AHEX
BF57              ;        CRT
BF57              ;
BF57              ;
BF57 CD03F0    AHEX    CALL    PV1
BF5A 1C                DEFB    1CH     ;AHEX
BF5B C9                RET
BF5C CD03F0    CRT     CALL    PV1
BF5F 00                DEFB    0       ;CRT
BF60 C9                RET
BF61              ;
BF61              ;
BF61              ;        ERRX
BF61              ;        ERROR
BF61              ;        EXH
BF61              ;
BF61              ;
BF61 F1        ERRX    POP     AF      ;STACK SAUBER !
BF62 F1                POP     AF
BF63 1E19      ERROR   LD      E,19H
BF65 CD09F0            CALL    PV3
BF68 1E12      EXH     LD      E,12H   ;LOOP
BF6A FB                EI              ;INT EIN !
BF6B CD09F0            CALL    PV3
BF6E C300E0            JP      REST
BF71              ;
BF71              ;++++++++++++++++ ENDE ++++++++++++++++++
BF71              ;

ERRORS: 0000
```

Bilder 4a-e Programmausdruck

Funktion SYs

Durch Aufruf werden die Systemzellen des Betriebssystems CAOS in den IRM verlagert. Es ist danach z. B. das Abschalten des System-RAM mit dem Befehl
SWITCH O O(Enter)
möglich. Es sei an dieser Stelle nochmals auf die Besonderheiten des IRM, wie höhere Zugriffszeit und sichtbare Speicherzugriffe, verwiesen.

Funktion RSYs

Das Kommando ist ebenfalls ohne Parameter einzugeben, und es bewirkt die Umkehrung des Kommandos SYs. Es werden also die Systemzellen wieder in den Adreßraum von 0130H bis 0200H rückverlegt. Dabei ist selbstverständlich zu beachten, daß in diesem Adreßbereich ein RAM aktiviert sein muß, der nicht schreibgeschützt sein darf. Wird das nicht beachtet, sind Abstürze unvermeidlich.

Weitere Hinweise

Durch Nutzung insbesondere der letzten zwei Menüfunktionen wird der Anwender in die Lage versetzt, auch mit dem Modul M011 die Effektivität der Arbeit zu verbessern, weil es damit ermöglicht wird, z. B. ein BASIC-Programm und eine Assemblerquelle gleichzeitig zu bearbeiten, indem die Adressierung entsprechend geschickt gewählt wird.

Der Modul als großer Datenspeicher

Wird der interne RAM als Programmspeicher genutzt, so kann der 256-K-RAM-Modul als großer Datenspeicher eingesetzt werden. Durch die Verschiebung der Blöcke im 64-K-Adreßbereich kann praktisch jeder 16-K-Block des 256-K-RAM in den Adreßbereich 4000H bis 7FFFH „geschoben" werden. Dazu kann vom Anwender im BASIC und in FORTH die Anweisung SWITCH und auf Maschinen- bzw. Assemblerniveau das CAOS-Unterprogramm MODU (UP.Nr.: 26H) aufgerufen werden. Die Daten lassen sich damit sehr schnell nach bestimmten Merkmalen durchsuchen und/oder ändern. Die Zugriffszeit bei einer solchen Arbeitsweise des RAM beträgt gegenüber einer Diskette nur 1/4 bis 1/100.

Ausblick

Natürlich bleibt es dem Anwender überlassen, weitere Funktionen zu implementieren. Denkbar wäre z. B. die Organisation des gesamten Speichers in 16-K-Blöcken. Ein weiterer interessanter Einsatzfall dürfte die Verwendung des Moduls als elektronische Diskette sein.

Literatur

/1/ Modul-M011-Beschreibung. VEB Mikroelektronik „Wilhelm Pieck" Mühlhausen

/2/ Modul-M005-Beschreibung. VEB Mikroelektronik „Wilhelm Pieck" Mühlhausen

/3/ KC85/3-System-Handbuch. VEB Mikroelektronik „Wilhelm Pieck" Mühlhausen

Termine

Fachtagung FORTH

WER? Interessengemeinschaft FORTH des KdT-Bezirksverbandes Suhl
WANN? 20. bis 22. April 1988
WO? Suhl
WAS? System- und Anwendersoftware der Programmiersprache FORTH
WIE?
Anmeldungen nimmt der KdT-Bezirksverband, Straße der Opfer des Faschismus 29, PSF 510, Suhl, 6000 entgegen. Vortragsangebote bitte mit kurzer Inhaltsangabe an die Interessengemeinschaft FORTH, Dr. Finsterbusch, PSF 190, Ilmenau, 6300.

Fehlerhaft

Bedauerlicherweise sind die im Artikel „Integrierter Systemtaktgenerator DL 8127 D" enthaltenen Bilder 5, 6 und 8 (siehe MP 7/1987, S. 213) fehlerhaft. Wir veröffentlichen deshalb nachstehend die korrigierten Bilder.

Autor und Redaktion

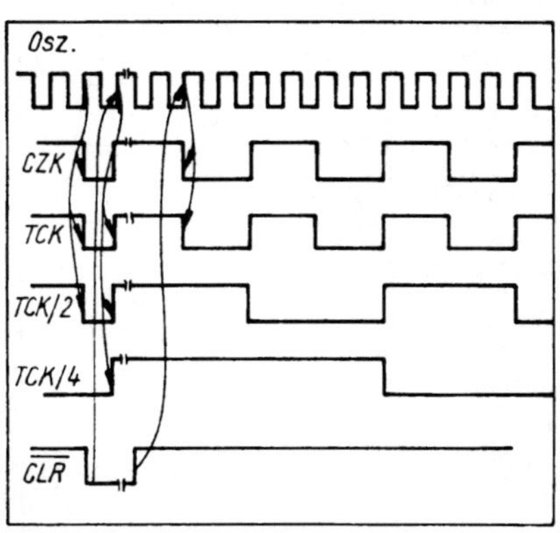

Bild 5 Taktdiagramm U-8000-Modus

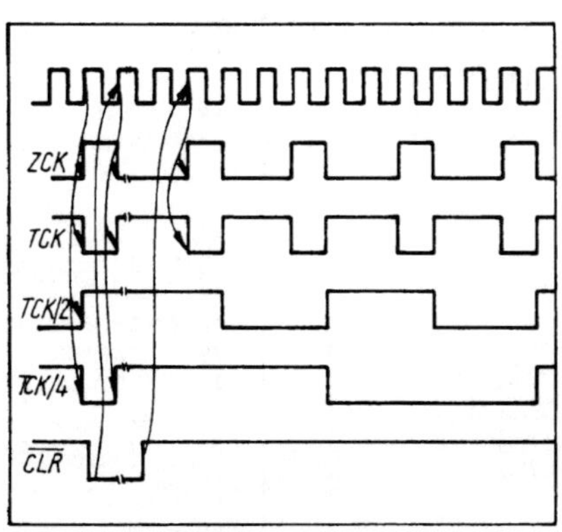

Bild 6 Taktdiagramm 8086-Modus

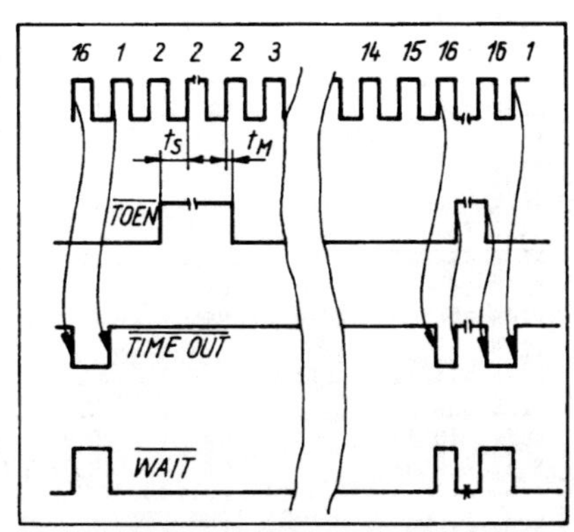

Bild 8 TIMEOUT-Zeitverhalten

1

3

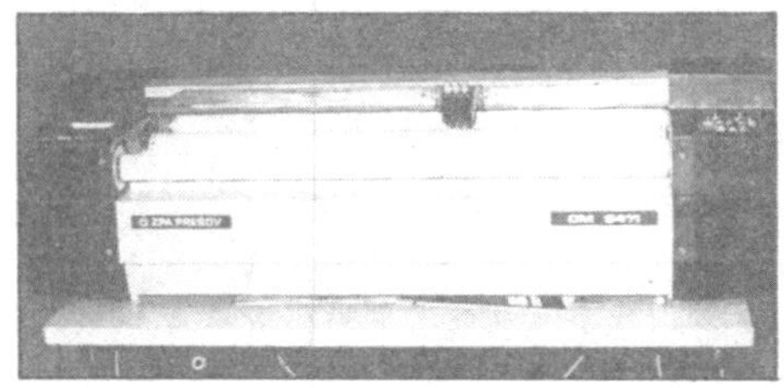

2

29. Internationale Maschinenbaumesse Brno

In diesem Jahr öffnete die 29. Internationale Maschinenbaumesse Brno ihre Tore. Der Vorjubiläumsjahrgang dieser wichtigsten Messe unseres Nachbarlandes ČSSR, sie fand vom 16. bis 23. September statt, stand unter dem Motto „Progressive Technologien im Maschinenbau". Zur gleichen Thematik fand parallel zum Messegeschehen die „Konferenz der Redakteure der technischen Presse" mit großer Beteiligung ausländischer Journalisten statt.

Wegen der Rekonstruktion stand weniger Ausstellungsfläche zur Verfügung, dennoch waren etwa 2900 Aussteller – 160 mehr als 1986 – zu verzeichnen.

Für den langjährigen Messebesucher sofort sichtbar traf das auch auf die Computertechnikanbieter zu. Denn ihr traditionelles Domizil, die Halle D, reichte nicht mehr. So mußten einige Firmen mit verkleinerten Quadratmeterzahlen Ausstellungsfläche vorliebnehmen und andere in kleine Ausstellungspavillons auf Wege und Flächen ausweichen. Auch die Halle C, in der Meßtechnik, Kommunikationstechnik und – für Applikationen in diesem Sinne – Computertechnik zu sehen war, bot keine Reserven mehr. Was für das Messeunternehmen ein großer Erfolg ist, nämlich viele Aussteller, ist für den Fachbesucher ein „Marathon". Jahr für Jahr mehr Firmen und jedes Unternehmen bietet eine größere Typenvielfalt. Unter dem Blickwinkel sogenannter internationaler Industriestandards nimmt die scheinbare Vielfalt doch wieder einheitliche Formen an.

Nachfolgend wollen wir ausgewählte Exponate vorstellen und Trends aufzeigen.

Die ČSSR spezialisierte sich im Rahmen des RGW u. a. auf grafische Ausgabetechnik und hat dadurch auf diesem Gebiet große Erfahrungen. In der DDR sind z. B. viele Zeichenautomaten DIGIGRAF im Einsatz. Der auf dem Messestand von KOVO vorgestellte DIGIGRAF unterschied sich äußerlich kaum von seinem Vorgänger, neu an ihm war die verbesserte Elektronik. Zur Besucherattraktion entwikkelte sich der Grafikplotter **COLORGRAF** – die vollständige Bezeichnung des Herstellers ARITMA Prag lautet: Grafische Ausgabeeinrichtung ARITMA 0512–COLORGRAF (Bild 1). Über den COLORGRAF 0512 können Zeichnungen mit bis zu acht auswechselbaren Schreibfedern erstellt werden. Dabei ist es möglich, die Zeichnungen, in Abhängigkeit von den eingesetzten Schreibfedern, entweder mehrfarbig oder mit unterschiedlicher Linienstärke anzufertigen. Die Aufzeichnung in x-Richtung wird mittels Schreibfederbewegung ausgeführt, die in y-Richtung durch Bewegen des Papiers. Die Grundschrittweite (Raster) beträgt 0,125 mm. Der eingebaute μP sorgt für einigen Komfort. So sind im internen Programmspeicher des Plotters Routinen zum Zeichnen verschiedener Arten von Linien (volle, unterbrochene, strichpunktierte), Kreisen, Kreisbögen sowie ein kompletter Satz ASC II – und diakritischer Zeichen enthalten. Die Software des COLORGRAF ist kompatibel zu der vergleichbarer Plotter von Hewlett-Packard. Nun noch kurz einige technische Daten:

- Nennbreite des verwendeten Arbeitsmaterials 297 mm
- Zeichenbreite 264 mm, das entspricht 2112 Schritten
- Genauigkeit ± 0,05 mm
- maximale Zeichengeschwindigkeit 80 mm/s
- Schnittstelle CCITT V 24/V 28
- Senkungs- und Stabilisierungsdauer der Schreibfedern 50 ms
- Anhebedauer der Schreibfedern 50 ms
- Leistungsaufnahme 62 W
- Abmessungen 530 × 205 × 165 mm^3
- Masse 6,2 kg.

Während der Messe dürften die ausgestellten Plotter durchaus einen Dauertest absolviert haben. Von morgens bis abends wurden für Besucher „Demonstrationszeichnungen" angefertigt (siehe 4. Umschlagseite), wobei der COLORGRAF für eine derartige Zeichnung durchschnittlich 20 Minuten benötigte.

Zeichnungen auf einem Arbeitsfeld von 860 × 24 000 mm^2 kann der **VZ 930** (CM 6411) (Bild 2) erstellen. Er verfügt über eine maximale Zeichengeschwindigkeit von 100 mm/s. Die Grundschrittweite beträgt 0,05 mm. Plott- und Wiederholgenauigkeit sind mit ± 0,15 mm angegeben. Der VZ 930 besitzt 3 Stifte, mit denen er auf perforiertes Papier zeichnet. Bei einer Größe von 1550 × 410 × 630 mm^3 hat das Gerät eine Masse von 65 kg. 250 W Leistung werden aufgenommen. An Schnittstellen sind V24 und IFFS vorhanden.

An Computersystemen offerierte KOVO Weiterentwicklungen bzw. spezielle Konfigurationen bereits bekannter Hardware. Beispielsweise die interaktive grafische Station IGS 2 auf Basis des M 16–22 von ZVT Banska Bystrica, an der auch der VZ 930 angeschlossen war.

4

5

Die ČSSR steht vor dem Problem, daß es zwar verhältnismäßig viele Entwicklungen unterschiedlicher Computertypen gibt, sie aus den verschiedensten Gründen aber kaum in größerer Stückzahl gefertigt werden.
Um so mehr Beachtung verdient die Zielstellung, bis 1990 die Produktion schnell zu entwickeln und 150 000 bis 200 000 Mikrorechner der Volkswirtschaft zur Verfügung zu stellen. Einen großen Anteil wird dabei die 8-Bit-Technik ausmachen.

Eines war fast allen Ausstellern gemeinsam – das Angebot IBM-PC-kompatibler Computer. In der ČSSR ist es der PP 06, allerdings keine Messeneuheit, deswegen soll an dieser Stelle nicht ausführlicher auf ihn eingegangen werden. Nachfolgend stellen wir einige Entwicklungen kurz vor. Über den **EC 1834** von Robotron (Bild 3) mit μP K1810 WM 86 haben wir bereits in MP 11/87, 2. US kurz informiert. Aus der VR Bulgarien kommt der **EC 1832** (Bild 4) mit einem Prozessor 8088. Der Koprozessor 8087 kann als Option eingesetzt werden. Weitere Daten sind: 640 KByte Hauptspeicher, Hard-Disk mit 5 oder 10 MByte, 1 Floppy-Laufwerk mit 360 KByte. In größeren Stückzahlen soll in Bulgarien der **Prawez 16** (Bild 5) zum Einsatz kommen, ebenfalls mit μP 8088 und Koprozessor 8087, außerdem 2 Floppy-Laufwerken, oder eine Floppy-Einheit und eine Hard-Disk, 256 KByte RAM, Farb- oder Monochrombildschirm.

Das rumänische Außenhandelsunternehmen Electronum zeigte u. a. den **FELIX PC** mit Mikroprozessor 8086, 2 Floppy-Laufwerken, 640 KByte RAM und Farbmonitor.
Die polnische Außenhandelsfirma ELWRO stellte einen AT-kompatiblen PC vor, den ELWRO 801 AT (Bild 6): Mikroprozessor i 80286, Floppy-Disk mit 1,2 MByte, Hard-Disk mit 20 MByte, Betriebssystem MS-DOS.
Der **Trident AT** wird vom jugoslawischen Unternehmen Iskra Delta vertrieben. Neben 5¹/₄-Zoll-Floppy-Disk mit 1,2 MByte verfügt der Computer über eine 80-MByte-Winchester-Disk und eine 40-MByte-Streamer-Kassette. Als Betriebssystem kommt MS-DOS 3.2 zum Einsatz.
Bekannte internationale Firmen wie Hewlett-Packard, IBM, ICL, NCR, Tektronix, Wang, Rocc, (Vertrieb von Commodore-Computern) präsentierten Computertechnik vorwiegend auf 16-Bit-Basis.
Die Firma Olivetti offerierte als Neuheit das System **PE 28** (Personal Engineering) (Bild 7) mit der CPU 80 286 (8 MHz), schneller Arithmetikeinheit 80 287, 1 MByte RAM, 1,2-MByte-Floppy-Einheit, 20-MByte-Hard-Disk und Interface (RS-232C/V24 und Centronics).
Der 19-Zoll-Grafikbildschirm erlaubt die gleichzeitige Darstellung von 256 Farben aus einer möglichen Palette von 4096 bei einer Auflösung von 1280 × 960 Punkten.
Als Betriebssysteme werden MS-DOS und XENIX verwendet.
Dicht umlagert waren natürlich die Modelle des PS/2 von IBM (siehe auch MP 8/87, S. 243). Das Modell 30 war im RGW bereits auf den Messen in Poznan, VR Polen, und Budapest, UVR, zu sehen. Das leistungsstärkste Computersystem dieser Familie „Modell 80“ soll ebenso wie das Betriebssystem OS/2 erst ab 1988 zur Auslieferung kommen. Unser Foto zeigt das Modell 60 (Bild 8).

32-Bit-Technik stellte die französische Firma Bull mit ihrem **SPS 7** (Bild 9) vor. Der SPS 7/70/75 basiert auf Mikroprozessor

6

7

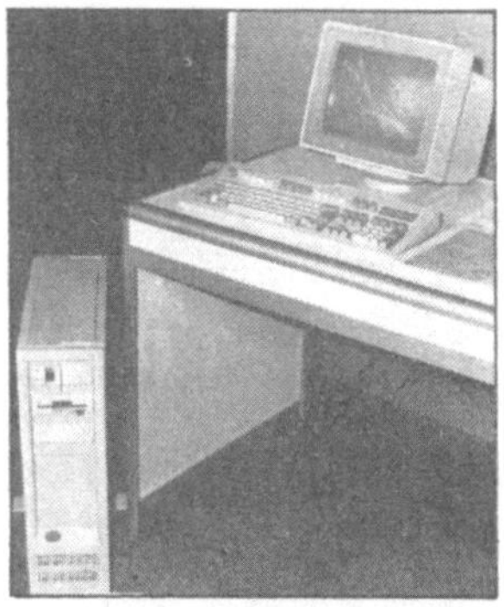
8

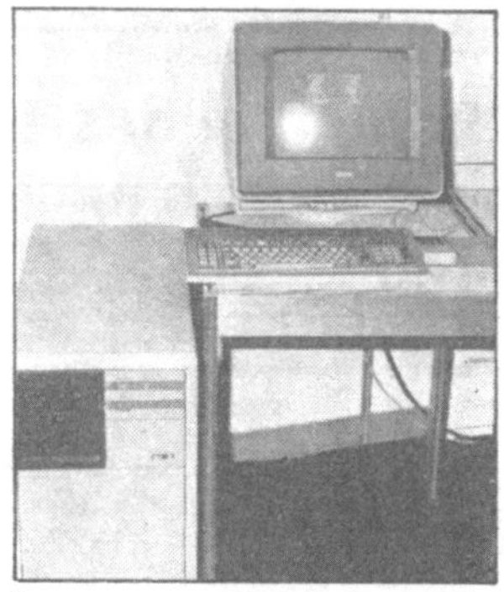
9

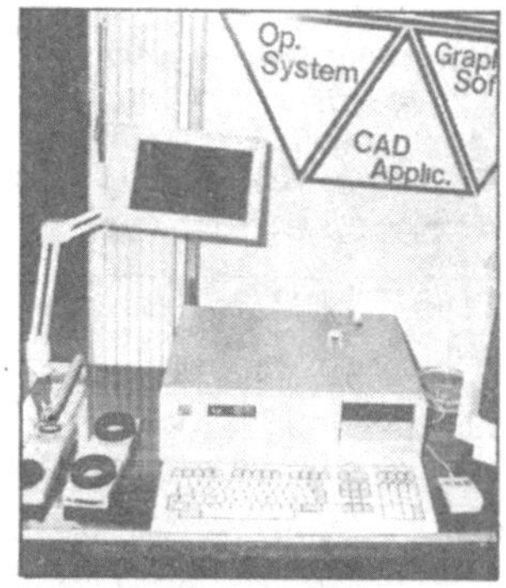

10

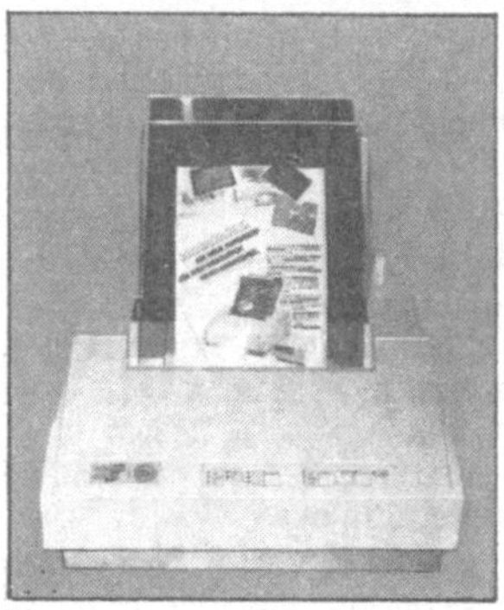
11

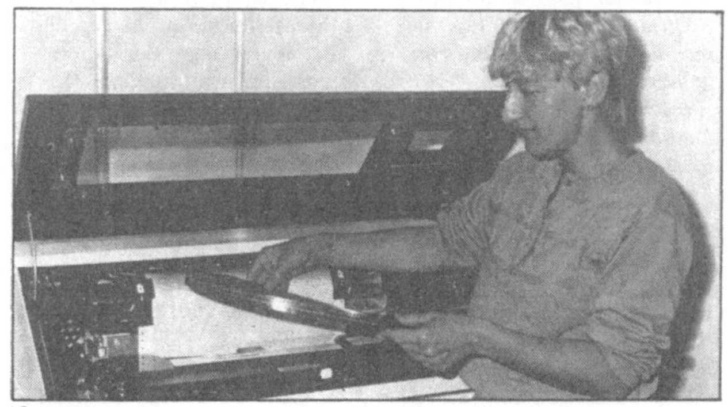
12

CODE 39 — 0123456789
CODE 11 — 01234567890
AMES — 0123456789
BI-DIR. — 0123456789
INTERL. — 0123456789
UPC (A) — 0123456789

68 020 (16,67 MHz) und Koprozessor 68 881. Als Hauptspeichergröße werden 4 MByte angegeben, aufrüstbar bis maximal 16 MByte. Das SPS 7 verfügt über Winchester-Disk und Streamer-Tape. Bis zu 4 grafische Bildschirme (monochrom oder color) sind an ein System anschließbar.
Neben den großen Firmen war das Bild auf der Internationalen Maschinenbaumesse Brno aber auch geprägt durch viele kleinere Handelsfirmen, hauptsächlich aus Österreich, der BRD und Schweiz, die Hard- und Software von Unternehmern aus vielen Ländern offerierten, wobei die Produzenten häufig in Taiwan, Südkorea oder Hongkong ansässig sind.
Die kleine österreichische Handelsfirma array-Data GmbH bot für IBM-kompatible PCs einen extrem flachen, verstellbaren Bildschirm an, den sogenannten **FLAT-SCREEN** (Bild 10). Die Abmessungen sind 330×230×25 mm^3, die Bildfläche beträgt 250×160 mm^2. 25 Zeilen mit je 80 Zeichen sind bei 8×8 Punkten je Zeichen darstellbar, oder im Grafikmodus beträgt die Auflösung 640×200 Punkte.

Der **GAMMACOLOR VIDEO-PRINTER** (Bild 11) enthält einen schnellen Videodigitalisierer mit Bildspeicherung. Die maximale Abspeicherzeit bei 1280 (vertikal) × 1024 (horizontal) Bildpunkten und 4096 Farben beträgt 0,3 s. Die Auflösung ist mit 4,8 Punkten pro mm angegeben. Die Bilder werden aus den vier Grundfarben Gelb, Magenta, Cyan und Schwarz zusammengesetzt. Je nach Format braucht der Videoprinter 2 bis 4 Minuten für die Ausgabe eines Bildes, ohne dabei den Bildschirm zu blockieren.
Ein sogenannter **TOPAS Powermaker** soll den PC vor Spannungsspitzen, Spannungsabfällen und -ausfall schützen, indem er weiter den ordnungsgemäßen Betrieb gewährleistet. Dabei gibt es eine Vielzahl von Modellen in Abhängigkeit von benötigter Leistung, Spannung und Frequenz.
60 dB leise ist der neue Drucker **VT 23 900** (Bild 12) von VIDEOTON. Bei einem Satz von 96 Zeichen schafft er 762 Zeichen je Minute. Dreimal ist jedes Zeichen auf dem Metallband angeordnet, das mit hoher Geschwindigkeit rotiert. Für jede Druckposition existiert ein „Hammer". Jeder 9. Hammer kann gleichzeitig schlagen. An Schnittstellen stehen V 24 und Centronics zur Verfügung.
Als ersten Matrix-Zeilendrucker der Welt bezeichnet MANNESMANN Tally seinen **MT 690**/**MT 660** mit einer Druckleistung von 900 bzw. 600 Zeilen je Minute (Schnelldruck). In Bild 13 ist ein Druckmuster abgebildet.
Der MT 690 druckt mit 132 Druckelementen, dabei hat eine Zeichenmatrix je nach geforderter Qualität eine Rastergröße von minimal 7×9 (Höhe und Breite) und maximal 15×25 Zeichen (Schönschriftqualität). Für Schönschrift beträgt die Druckgeschwindigkeit 450 Zeilen je Minute. 850×980×572 mm^3 sind die Abmessungen und als Gewicht werden etwa 160 kg genannt.
Die DDR war auf der Internationalen Maschinenbaumesse größter sozialistischer Aussteller. Der Außenhandelsbetrieb Robotron stellte, neben dem bereits erwähnten EC 1834, Arbeitsplatzcomputer A 7150 (siehe im gleichen Heft), PC 1715 und Schreibmaschinen aus. Der PC 1715 wurde 1987 und wird 1988 in großen Stückzahlen in die ČSSR exportiert.

I. P.

Fotos: Paszkowsky (12)

Vorgestellt

Unter dieser neuen MP-Rubrik werden Computer und Peripheriegeräte in ihren wichtigsten Parametern vorgestellt – ausführlicher als in der Rubrik „Technik international".

In dieser Ausgabe beginnen wir mit dem

Arbeitsplatzcomputer A 7150

Der *Arbeitsplatzcomputer robotron A 7150* ist modular aufgebaut und besteht aus dem Rechnergrundgerät, dem Bildschirm und der Tastatur. Basis der zentralen Verarbeitungseinheit ist ein 16-Bit-Mikroprozessor. Die Rechnerarchitektur, der international standardisierte Systembus, die hohe Speicherkapazität und die Grafikfähigkeit ermöglichen eine nutzerfreundliche Anwendung.

Die Grundausstattung umfaßt:

- Rechnergrundgerät
10 Steckplätze für Logikmoduln, 2×5,25"-Diskettenspeicher in Slimline-Ausführung mit je 1 MByte Speicherkapazität und vorbereitetem 1×5,25"-Festplattenspeicher mit 30 bis 50 MByte Speicherkapazität
- Bildschirmeinheit
Einfarbig/mehrfarbig, dreh- und schwenkbar, 31-cm-Bildröhre, geeignet für Bildschirmsteuerungen entweder durch eine alphanumerisch-quasigrafische, 2000 Zeichen im Raster 80×25, oder eine rastergrafische Ansteuerung mit 640×480 Bildpunkten
- Tastatur
48 Zeichentasten, Realisierung von 2 verschiedenen Zeichensätzen entsprechend nationalen Standards – lat./dt. oder lat./kyrill. – durch Mehrfachbelegung der Tasten, numerische Tastatur, Funktionstastatur, Anzeige unterschiedlicher Arbeitsmodi

Als periphere Geräte können wahlweise genutzt werden:

- Drucker robotron K 6313, K 6314, Baureihe K 6320, 1152/257
- Plotter robotron K 6418 und K 6411
- Digitalisiergeräte robotron K 6401 und K 6404
- Grafisches Tablett robotron K 6405

Der robotron A 7150 ist konstruktiv und logisch modular aufgebaut. Die Logikmoduln arbeiten in einem international standardisierten Mikrorechnerbus (I-41). Auf Grund der Verwendung eines universellen Bussystems und der durchgängigen Gestaltung gehört der robotron A 7150 zur Gruppe der offenen Systeme.

Software

Das Hardwarekonzept wird durch Systemsoftware ergänzt, die kompatibel zu international weitverbreiteten Betriebssystemen ist. Das Grundsoftwarepaket enthält folgende Komponenten

- Betriebssysteme
- Compiler
- Standardsoftware

Betriebssysteme
Für den kommerziellen Einsatz:
- Betriebssystem DCP 3.1 (kompatibel MS-DOS3.1)
- Betriebssystem SCP 1700

Für Echtzeiteinsatzfälle und Multiprogrammbetrieb:
- Betriebssystem BOS 1810

Für Time-sharing-Betrieb:
- Betriebssystem MUTOS 1700

Compiler
- BASIC (unter SCP 1700-Interpreter – unter DCP 3.1-ANSI Standard-BASIC)
- FORTRAN 77 (unter SCP 1700, DCP 3.1 und BOS 1810)
- PL/M (unter BOS 1810)
- COBOL (unter SCP 1700 und DCP 3.1)
- MODULA 2 (unter SCP 1700 und DCP 3.1)
- PASCAL (unter SCP 1700 und DCP 3.1)
- Sprache C (unter SCP 1700 und DCP 3.1)

Standardsoftware
- AIDOS/M 16 Informationsrecherchesystem
- DIALOG/M 16 Maskengenerator
- LIST/M 16 Listenprozessor
- TABCALC/M 16 Tabellenrechnung
- TEXT 40/M 16 Textverarbeitungssystem
- REDABAS/M 16 Datenbanksystem
- TESYS-3/M 16 Technologisches System zur Softwareentwicklung
- TEPROS-SCP 1700 Textverarbeitungssystem, kommandoorientiert
- GRAFIK/M 16 Geschäftsgrafik
- NUMATH/M 16 Numerische Mathematik

Technische Daten
- Zentrale Verarbeitungseinheit

Mikroprozessor
K 1810 WM 86 (5 MHz, 16 Bit)
Befehlsausführungszeit
0,4 μs (Register-Register)
Speicheradreßraum 1 MByte
E/A-Adreßraum 64 KByte
Interruptsystem 9 Ebenen
Numerikprozessor K 1810 WM 87
- RAM 256 ... 768 KByte

Zugriffszeit 560 ns
- Externspeicher

Kapazität 2 MByte; 2×5,25"-Diskettenspeicher robotron K 5601
30–50 MByte, 1×5,25"-Festplattenspeicher
- Interface

IFSS, IFSP; IFSP-M (Centronics), S2 (V.24)
- Energieversorgung

220 V +10% −15%
47 ... 63 Hz
- Funkentstörung nach VDE 0871
- Maße (B×T×H), mm

Rechnergrundgerät 170×486×451
Tastatur 50×461×239
Bildschirmeinheit 323×338×354

CAD/CAM-Schlüsseltechnologie als Intensivierungsfaktor

Autorenkollektiv unter Leitung von Prof. Dr. D. Kochan. Verlag Die Wirtschaft Berlin 1987. 320 S., Sachwortverzeichnis, 20,– M

Man braucht nicht zu zögern, um zu erklären, daß die vorliegende Veröffentlichung nicht nur Fachleute der Praxis anspricht, sondern auch mit geeignet ist, als Nachschlagewerk und Lehrhilfsmittel zu dienen. Zu dieser Aussage berechtigt eine eindeutige Abfolge der Stoffvermittlung in Verbindung mit praxisorientierten und methodologisch fixierten Aussagen. Dominant sind im Kapitel 1 und 2 Aussagen zu CAD/CAM-Systemkomponenten und -Systemaufbau, Schnittstellen, internationale Standards und Modelle, rechnergestützte Angebots- und Auftragsbearbeitung sowie Erzeugnisentwurf und technologische Fertigungsvorbereitung, -durchführung und automatisierte Fertigung. Die materiell-technische und software-technologische Basis (Kapitel 3) beschäftigt sich u. a. mit Hauptbestandteilen von CAD/CAM-Anlagen, ihren Funktionen, ihrer Struktur und Architektur sowie peripheren Geräten.

Beachtenswert sind eindeutige Aussagen zur Software-Technologie sowie zu erforderlichen Datenbasen (Datenbanken) und für CAD/CAM zur Verfügung stehende Datenbankbetriebssysteme. Auch Vergleiche zwischen unterschiedlichen Computersystemen werden auf der Grundlage ausgewählter Parameter angeboten. Unterstützt werden diese Darstellungen in einem Anhang, in dem eine Übersicht über derzeitig verfügbare CAD/CAM-Rechentechniken und periphere Geräte angeboten wird.

Ausgewählte Beispiellösungen und Einsatzerfahrungen im Kapitel 4 sind besonders informativ, da u. a. auch Auskünfte zur eingesetzten Gerätetechnik, Software und eingetretenen Nutzen vermittelt werden. Ökonomische, organisatorische und arbeitswissenschaftliche Aufgaben insbesondere unter den Aspekten Vorbereitung von CAD/CAM-Lösungen, Ermittlungen ihrer Effektivität sowie arbeitswissenschaftliche Erfordernisse bei der CAD/CAM-Einführung enthält Kapitel 5. Insgesamt ein Buch, das nur empfohlen werden kann, auch Leiter unterschiedlicher Ebenen sind angesprochen, die im Hinblick auf Planung und Realisierung von CAD/CAM-Systemen Entscheidungen vorzubereiten und zu treffen haben.

Prof. Dr. W. Schoppan

Wissensspeicher BASIC

von P. Heblik, Volk und Wissen Volkseigener Verlag Berlin 1986, 1. Auflage, 302 S.

Publikationen zur Programmiersprache BASIC sind in der DDR bereits einige erschienen. Dabei ist BASIC-Buch nicht gleich BASIC-Buch. So gibt es in der methodischen Aufbereitung des Stoffes häufig Unterschiede. Speziell für den Leserkreis „Einsteiger" scheint der *Wissensspeicher BASIC* zugeschnitten zu sein. Zu Recht als Wissensspeicher bezeichnet, ist die vorliegende Publikation aber auch ein geeignetes Lehrbuch zur Einführung in die Sprache BASIC. Ausführliche Erläuterungen und viele Programmbeispiele erleichtern das Verständnis des dargebotenen Stoffes.

I. Paszkowsky

Computer Graphics Programming GKS – Graphics Standards

von Enderle, G.; Kansy, K.; Pfaff, G.
Springer-Verlag Berlin, Heidelberg–New York–Tokyo, 542 S.

Das wohl wichtigste Anwendungsgebiet der Computergrafik sind heute rechnergestützte Entwurfsverfahren. Sie werden unter dem Begriff „Computer Aided Design" (CAD) zusammengefaßt und stehen im Blickpunkt einer breiten Nutzergemeinschaft in den unterschiedlichsten Bereichen der Volkswirtschaft. Im Rahmen verschiedener internationaler Standardisierungsgremien wurden seit 1975 umfangreiche Anstrengungen unternommen, um die wesentlichen Softwareinterfacebedingungen auf diesem Gebiet einer Normung zu unterziehen. An dieser Tätigkeit waren auch Mitarbeiter aus der DDR beteiligt. Das Ergebnis dieser Arbeit ist der GKS-Standard.

Von drei ehemaligen Mitgliedern der ISO-Arbeitsgruppe zur GKS-Standardisierung wurde nun ein Buch vorgelegt, das die Programmierung von Computergrafik unter Nutzung des „Graphical Kernel Systems" (GKS) beschreibt. Es handelt sich dabei um eine wohl einzigartig umfassende Darstellung des angesprochenen Problemkreises, die in vier Kapitel untergliedert wurde:

– Eine ausführliche Einführung in die Konzepte der Computergrafik unter Berücksichtigung der GKS-Prinzipien.
– Einen Überblick über die wissenschaftlich-technische Entwicklung, die zur Herausbildung des GKS-Standards geführt hat.
– Eine umfangreiche Erläuterung der einzelnen GKS-Funktionen und ihre Anwendung in einer von den verschiedenen Programmiersprachen unabhängigen Notation.
– Eine Behandlung der verschiedenen Aspekte einer konkreten GKS-Implementation, wie Betriebssystemfragen, Hardwareabhängigkeiten, Besonderheiten im Zusammenhang mit unterschiedlichen Programmiersprachen u. a. m.

Dem Rezensenten etwas verwunderlich ist der geradezu spartanische Umgang mit erläuterndem Bildmaterial in einem Buch über Computergrafik, das sonst auch vom herausgebenden Verlag in einer vorbildlichen Ausstattung vorgelegt wurde.

Dr. L. Claßen

Expertensysteme

Von P. Schnupp und U. Leibrandt. Springer-Verlag Berlin–Heidelberg–New York–Tokyo 1986, Compass-Reihe, 140 S.

Expertensysteme ist ein Fachbuch, aber nicht nur für Fachleute. Es wendet sich in erster Linie an jene, die sich mit den Problemkreisen künstliche Intelligenz und Expertensysteme unter dem Blickwinkel des künftigen Anwenders auseinandersetzen wollen bzw. müssen. Anschaulich und leicht verständlich werden in 10 Kapiteln Fragen beantwortet wie:
Was ist „künstliche Intelligenz"?
Warum Expertensysteme?
Wann und wie?
Wie funktioniert eine „Interferenzmaschine"?
Wie programmiert man „wissensbasiert"?
Natürliche Sprache als Computer-Eingabe?

Als positiv wurden weiterhin die Hinweise zu weiterführender Literatur am Ende eines jeden Kapitels empfunden. Im Anhang befinden sich ein kleines Lexikon der Schlagwörter, das 67 Begriffe kurz erläutert, und ein PROLOG-Programmbeispiel.

I. Paszkowsky

Graphisches Kernsystem (GKS)

Beuth Verlag Berlin 1986

Das Graphische Kernsystem (GKS) ist eine rechnerunabhängige Zusammenstellung von Standardfunktionen für unterschiedlichste Aufgabenstellungen bei der Programmierung von grafischen Darstellungen. Die durch den Beuth Verlag/West-Berlin jetzt vorgelegte funktionale Beschreibung der GKS-Norm (DIN 66252) sieht die Hauptgründe für die Einführung des GKS-Grundsystems in den Zielstellungen:
– eine leichte Übertragbarkeit (Portierbarkeit) von Anwendungsprogrammen auf unterschiedliche Rechner sicherzustellen
– den Anwendungsprogrammierer beim Verstehen und Verwenden graphischer Methoden maximal zu unterstützen und
– die funktionelle Standardisierung von grafischen Ein-/Ausgabegeräten (Farbsichtgeräte, Plotter ...) voranzutreiben.

Das Buch gibt einen ausgezeichneten Überblick über die Grundlagen, Funktionen und Datenstrukturen der GKS-Norm. Eine wichtige Begriffserläuterung ist ebenso enthalten, wie die ausführliche Beschreibung der einzelnen GKS-Funktionen. Die Zuordnung der Funktionen zu verschiedenen GKS-Leistungsstufen (0a, 0b, 0c, 1a, 1b, 1c, 2a) trägt einem breiten Anwenderspektrum, von der Zeichnung statischer Bilder bis hin zur Darstellung dynamischer Vorgänge unter Echtzeitbedingungen, Rechnung.

Dr. L. Claßen

Netzwerkanalyse mit Mason-Graphen

Von Dr.-Ing. Ulrich Mende. VEB Verlag Technik, Reihe Informationselektronik. 156 Seiten, 64 Bilder, 8 Tafeln, Broschur, DDR 16,50 M, Ausland 24,– DM. Auslieferung durch den Fachbuchhandel. Bestellangaben: 553 734 6/Mende, Netzwerkanalyse.

Der Autor bietet vor allem Entwicklungsingenieuren und Studenten der Elektrotechnik/Elektronik eine topologische Methode zur Berechnung elektrischer und elektronischer Netzwerke. Diese Methode beruht auf der Anwendung des Mason-Graphen und kann auch vorteilhaft in Verbindung mit Mikrorechnern genutzt werden.

Die Darlegungen sind bewußt ausführlich gehalten, so daß sich die Broschüre auch sehr gut zum Selbststudium eignet. Zahlreiche praktische Beispiele fördern das Verständnis.

dBase-Listengenerator

Für die Arbeit mit dBASE-Kommandodateien wurde ein Serviceprogramm erstellt, welches folgende Funktionen realisiert: – Syntaxkontrolle auf ordnungsgemäßes Schließen aller DO WHILE-Schleifen sowie aller IF- und DO CASE-Anweisungen
– Formatierung des Quelltextes
– Laufzeitoptimierung
– Listengenerator für Einzelblattverarbeitung (mit Angabe von Zeilennummern, Doppeldruck aller DO-WHILE- und IF-Anweisungen, auszugsweisem Druck von Programmteilen, Kommentaren hinter ENDIF und ENDDO u. a.)
Gegenüber anderen dBASE-Hilfsprogrammen bietet es den Vorteil, daß es ohne Verlassen des Datenbanksystems als Kommandodatei gestartet werden kann. Es ist vollständig menügesteuert. Bei Bedarf können on-line Hilfsinformationen eingeblendet werden. Das Programm läuft unter den Betriebssystemen SCPX und CP/A und ist für dBASE und Epson LX-86 entwickelt. Auf Wunsch kann eine Version für REDABAS bzw. andere Druckertypen abgegeben werden.
VEB Kyffhäuserhütte Artern, Rudolf-Breitscheid-Str. 15/16, Artern, 4730, Abt. ODV; Tel. 7492 (Koll. Trautvetter)
Niebur

Druckeransteuerung für mehrere Computer

Zur Verbesserung der Auslastung der Drucktechnik wurde auf Basis der V.24-Schnittstelle eine Ansteuerung entwickelt, die den Anschluß mehrerer Computer mit V.24-Interface an einem Drucker gestattet. Dabei ist kein Umstecken bzw. Umschalten zwischen den Computern erforderlich. Die Verdrahtung kann fest erfolgen, was zur Erhöhung der Lebensdauer und zur Verbesserung des Arbeitsschutzes beiträgt. Die bisher verwendete Software kann unverändert weitergenutzt werden. Die maximale Leitungslänge beträgt etwa 15 Meter.
Die Schaltung wird seit längerer Zeit mit drei KC 85/3, PC 1715 und MRES benutzt.
Die Unterlagen können nachgenutzt werden.
VEB Mikroelektronik „Wilhelm Pieck" Mühlhausen, Eisenacher Str. 40, Mühlhausen, 5700.
Schiwon/Kirves

Rechnungsprogramm

Das Rechnungsprogramm für PGH und Handwerksbetriebe der Elektrobranche nach PAO 564 wurde in BASIC auf einem Schneider Joyce unter CP/M 3.0 geschrieben und arbeitet mit 2 Laufwerken (auch auf PC 1715 möglich). Im A-Laufwerk sind Programm, Kundenadresse sowie Rechnungsdaten abgelegt. Im B-Laufwerk sind sämtliche Preise gespeichert.
Mit dem Programm wird insbesondere die Rechnungsführung mit den Koeffizientenumrechnungen erleichtert.
Elektro-Handwerk Joachim Brustmann, Hauptstraße 18, Schönwalde, 1291; Tel. Mühlenbeck 601
Brustmann

Programmpakete „Geodätische Software"

Zur Nachnutzung angeboten werden die Programme
- einfache Punktbestimmungen
- Höhenbestimmungen
- freie Standpunktwahl/Schnitte
- Transformationen
- mathematische Berechnungen
- Krümmen
- sonstige Berechnungen

– Kranbahnkontrolle
– räumlicher Vorwärtseinschnitt
– Druckerprogramm-Koordinatenverzeichnis aus FSI-Daten für BC A 5120/5130, PC 1715 im BS SCP.
VEB Kombinat Geodäsie und Kartographie, Forschungszentrum, Leitstelle EDV, Gohliser Str. 4, Leipzig, 7022, Tel. 56340
Cramer

Drucker-Driver für ATARI 1029

Zum Anschluß des Druckers ATARI 1029 an Mikrorechner auf der Prozessorbasis U880 wurde ein Driver entwickelt. Als weitere Hardware-Voraussetzung wird lediglich ein PIO-Port benötigt. Der Driver wandelt den byteseriellen Datenstrom des Wirtssystems in die dem Drucker verständlichen Frames um und sendet diese bitseriell. Der Driver liegt in an die Betriebssysteme der Kleincomputer KC 85/1, 85/2, 85/3 und 87 anpassungsfähiger Form vor, ist aber leicht an die Betriebssysteme der Büro- und Personalcomputer oben genannter Prozessorbasis anzupassen.
Technische Universität Dresden, Sektion Informationstechnik, Bereich Kommunikations- und Computertechnik, Mommsenstraße 13, Dresden, 8027; Tel. 4635121
Herzmann

Magnetbandtreiber KASS

Der angebotene MB-Treiber arbeitet unter dem Betriebssystem UDOS. Er ermöglicht ein schnelles Kopieren von Dateien auf Kassette. Damit ist er besonders zur Archivierung von Quellprogrammen, Texten und Binärdateien geeignet.
VEB Numerik „Karl-Marx", TN, PSF 947, Karl-Marx-Stadt, 9010.

CMOS-Prüfgerät

Das Prüfgerät ermöglicht die statische und dynamische Funktionsprüfung und Fehlersuche an CMOS-Schaltkreisen in der Schaltung einschließlich Erkennung von Einzelimpulsen. Es weist geringe Abmessungen, jedoch keine Prüfstiftform auf. Die Kontaktgabe erfolgt durch Anklemmen der Meßleitung an dem zu untersuchenden Pin des Schaltkreises. Die Speisung des Prüfgerätes geschieht mittels der Betriebsspannung der getesteten Baugruppe (5 bis 15 V), die Anzeige der Auswerteergebnisse durch eine 7-Segment-Anzeige.
VEB MLW Medizintechnik Leipzig/Forschungszentrum Dresden, Overbeckstr. 48, Dresden, 8030.

TURBO-PASCAL Nutzerhandbuch

Es wurde von uns ein Nutzerhandbuch TURBO-PASCAL erarbeitet, das auch die Anwendung von PASCAL 880/S unterstützen kann (Autor Dipl.-Phys. W. Finze).
Die 2. Auflage berücksichtigt auch die Anwendung von TURBO-PASCAL auf 16-Bit-Systemen mit Betriebssystemen entsprechend CP/M-86 und MS-DOS.
Für Anwender IBM-kompatibler Technik liegt zusätzlich eine Ergänzung vom Nutzerhandbuch vor, in der die besonderen Möglichkeiten von TURBO-PASCAL für diese Technik beschrieben werden.
Interessierte Betriebe, die das Handbuch in größeren Stückzahlen benötigen und die es im Kleinoffsetverfahren selbst vervielfältigen wollen, können über einen Nachnutzungsvertrag die Druckvorlagen und Belegexemplare erhalten.
Ingenieurhochschule für Seefahrt Warnemünde/Wustrow, Direktorat R, WB Informationsverarbeitung, Richard-Wagner-Straße 31, Warnemünde, 2530.
Prof. Dr. Mennenga

Arbeitskräftestruktur

Die Softwarelösung für den PC 1715 dient zur Rationalisierung der Bearbeitung des Stellenplanes in den Kombinaten und Betrieben.
Das Programm gliedert sich in
1. Datenpflegeprogramm
2. Analysenprogramm Arbeitskräftestruktur und
3. Analysenprogramm Lohnfonds.

Die Programmteile 2 und 3 ermöglichen, die innere Verflechtung unter verschiedenen Gesichtspunkten (z. B. Beschäftigtengruppe, Gehaltsgruppe, Schichtstimulierung und Schichtrhythmus und Lohnfondsinanspruchnahme) zu analysieren.
VEB Forschung, Entwicklung und Rationalisierung des Schwermaschinen- und Anlagenbaus, Bleckenburgstr. 25, Magdeburg, 3011

Abrechnung und Recherchen zum Produktionsplan

Mit dem Programmpaket können neben der Abrechnung der Produktion über eine Menüführung des Bedieners unterschiedliche Recherchen angestellt werden. Genutzt werden PC 1715 mit in REDABAS erstellten Programmen, die erweiterungsfähig sind. Das Produktionssortiment umfaßt etwa 1200 Geräte, es werden 4 Dateien aktualisiert. Benötigt werden 2 Disketten mit einer Kapazität von je 630 KByte.
VEB Funkwerk Kölleda, Eugen-Richter-Straße, PSF 48, Kölleda, 5234

Wir suchen ...

... zur Nachnutzung eine Interface-Multiplex-Baugruppe, die es gestattet, mindestens 3×V.24-, 1×IFSS-, 1×SI1.2-Schnittstellen an eine V.24-Schnittstelle anzuschließen.
Kombinat VEB Elektronische Bauelemente, Ingenieur- und Projektierungsbüro, Köpenicker Allee 114–118, Berlin-Waldesruh, 1147; Tel. 6440111 (Abt. RLR, Koll. Kirsch)
Marschall

... ein Zusatzprogramm für BC A 5120 unter SCPX, mit dem auch bei Verwendung von Standardsoftware (TP, REDABAS) die alternative Nutzung der rechten und/oder linken Bahn des Druckers SD 1152 möglich ist.
Deutsche Reichsbahn, Ibr-Fa, Außenstelle Leipzig, Werkstättenstraße 8, Engelsdorf, 7123.
Hoffmann

Dr. Gert Keller
VEB Robotron-Meßelektronik
„Otto Schön“ Dresden

Für die Kleincomputer KC 85/1 und KC 87 vom VEB Robotron-Meßelektronik „Otto Schön“ Dresden werden jetzt Kleinplotter des Prager Kooperationsbetriebes Laboratorni pristroje angeboten. Die wichtigsten Leistungsmerkmale dieses bereits zur LFM'87 vorgestellten Computer-Plotter-Systems sollen im folgenden skizziert werden.

Leistungsmerkmale

Der Kleinplotter XY 4131 zeichnet auf einer Fläche von $255 \times 180\ mm^2$ mit einer Zeichen- bzw. Adressiergenauigkeit von 0,1 mm. Er arbeitet nach dem Rollenplotterprinzip mit einer Geschwindigkeit von etwa 8 cm/s. Wegen der flexiblen Stifthalterung ist es möglich, verschiedene handelsübliche Stifte (Faserstifte, Kugelschreiber, Bleistifte, Tuschestifte) einzusetzen. Der Anschluß des Plotters erfolgt an die E/A-Buchse des Kleincomputers (bzw. an einen E/A-Erweiterungsmodul). Zusätzlich sind noch ein Plotter-Grafik-Modul mit der erforderlichen BASIC-Spracherweiterung und ein von Kassette zu ladendes Treiberprogramm GRPLOT erforderlich. Alle drei Komponenten (Kleinplotter, Plotter-Grafik-Modul und Treiberkassette) werden nur gemeinsam durch den Vertriebsbetrieb (VEB Robotron-Vertrieb Berlin, Mohrenstr. 62, Berlin, 1086) angeboten.
Die Software ist im Speicher der 2. RAM-Erweiterung ab Adresse 9800H angeordnet, so daß für den Nutzer etwa 38 KByte für BASIC-Programme verfügbar bleiben.

BASIC-Spracherweiterung

Mit dem Plotter-Grafik-Modul erhält der Nutzer eine auf die Bedürfnisse der Kleinrationalisierung abgestimmte BASIC-Spracherweiterung, die (für diese Computerklasse) relativ leistungsfähige Anweisungen zur Ausgabe grafischer Darstellungen bereitstellt.
Diese Anweisungen lassen sich etwa den folgenden vier Gruppen zuordnen:

Plotterzuweisung und Initialisierung

Die Zuweisung des Plotters erfolgt durch eine SCREEN-Anweisung, die das Bereitstellen und Einbinden eines Grafikmoduls berücksichtigt. Dem Rücksetzen des Plotterstiftes bzw. des Koordinatensystemes dienen die Anweisungen
HOME
Stift auf aktuellen Nullpunkt setzen
GCLS
Einstellen Standard-Koordinatensystem und Stift auf Nullpunkt setzen

Zeichenanweisungen

Die Zeichenanweisungen
PSET
Punkt setzen
LINE
Linien und Rechtecke zeichnen
CIRCLE
Kreise, Kreisbögen und Ellipsen zeichnen
wurden in Syntax und Wirkung dem internationalen Standard (z. B. BASICA des IBM PC/XT) angeglichen und dienen der Ausgabe der üblichen grafischen Grundelemente.

Koordinatensysteme

Durch die speziellen Anweisungen
ZERO
Festlegung des Nullpunktes (auch außerhalb der Zeichenfläche)
SCALE
Festlegung von Maßstabsfaktoren für die x- und y-Achse (auch Achsenspiegelung) kann der Nutzer ein eigenes (Welt-) Koordinatensystem definieren und damit aufwendige Skalierungsrechnungen für seine Darstellungen vermeiden.

Textausgabe

Für die Ausgabe von Texten auf den Plotter stehen die Anweisungen
LABEL
Ausgabe einer Zeichenkette ab aktueller Stiftposition
SIZE
Festlegung von Breite und Höhe der Buchstaben sowie Schreibrichtung und Schräglage zur Verfügung. Mit ihnen lassen sich sehr flexible Beschriftungen von grafischen Darstellungen ausführen.

Einsatzmöglichkeiten

Auf Grund seiner Leistungsmerkmale ist der Kleinplotter XY 4131 besonders für Ausbildungs- und Qualifizierungsaufgaben und für kleinere Rationalisierungsaufgaben geeignet. Es können sowohl mathematische Funktionen als auch kleinere technische Zeichnungen, Standardformulare oder auch grafische Protokolle von Meßvorgängen dargestellt werden. Als sehr nützlich erweist sich bei allen Anwendungen die freie Wählbarkeit eines problemangepaßten Koordinatensystems.
Die Bilder zeigen Einsatzmöglichkeiten des beschriebenen Computer-Plotter-Systems.

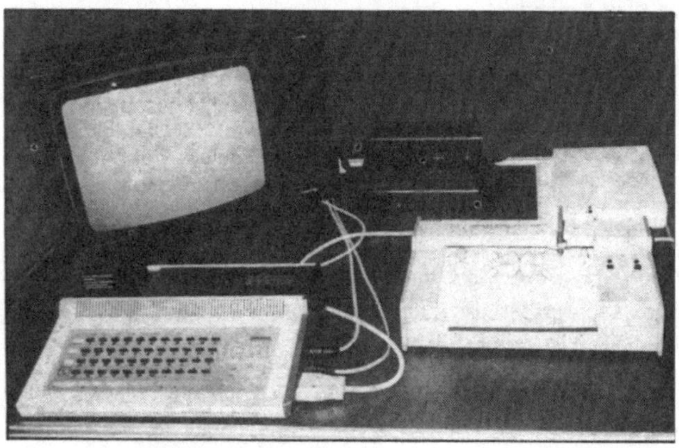

Foto: Weiß

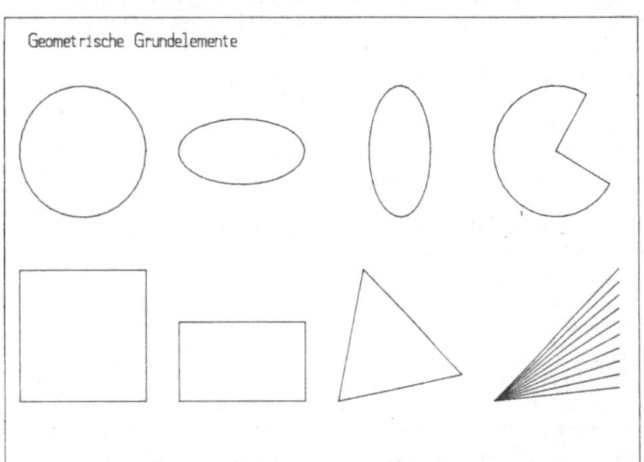

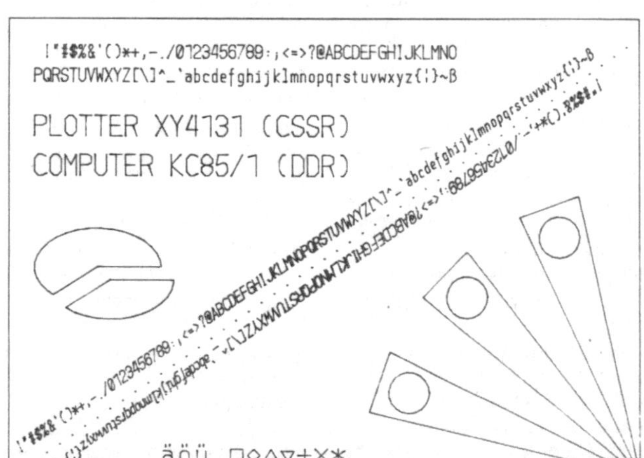

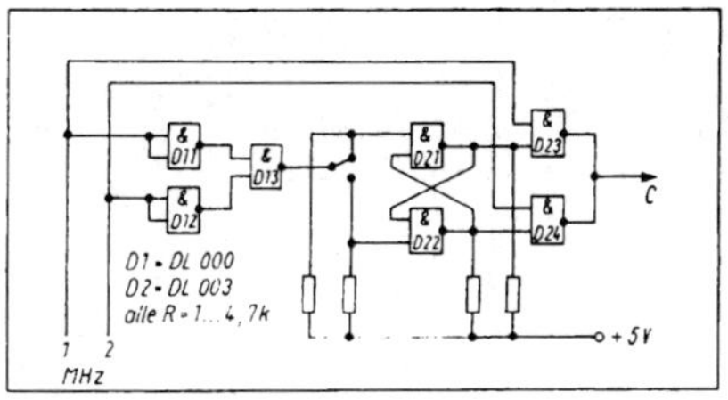

Bild 1 Variante 4

Taktfrequenzumschaltung MRB Z1013

(Teil 2)

Gegenwärtig existieren zwei Varianten des MRB Z1013. Während ältere MRB-Platinen noch mit Anfallbauelementen bestückt wurden und mit einer Taktfrequenz von 1 MHz betrieben werden, sind auch MRB-Platinen im Vertrieb, die mit einer Taktfrequenz von 2 MHz arbeiten. Daraus resultiert das Problem, daß Software von Kassetten nicht ohne Schwierigkeiten auf beide Varianten übernommen werden kann. Es ist zwar möglich, mit einem Zwei-Geschwindigkeits-Tonbandgerät die Programme ein- und auszulesen, aber auch dieser Weg ist nicht problemlos.
Aus diesem Grunde wurde nach elektronischen Lösungen gesucht. Einfache Schaltungen haben den Nachteil, daß es durch Kontaktprellen des Umschalters zu einem unsauberen Taktsignal kommen kann. Obwohl in der Praxis recht selten, kann es dabei zum Programmabsturz oder zu Bitveränderungen im RAM kommen.
Mit dem Einsatz von zwei zusätzlichen IS lassen sich weitere Varianten elektronischer Taktfrequenzumschaltungen realisieren.
Die Bilder 1 bis 3 zeigen mögliche Schaltungsvarianten.
Allen gemeinsam ist das aus D2.3 und D2.4 gebildete Tor. Die Ansteuerung des Tors erfolgt über ein aus D2.1 und D2.2 gebildetes RS-Flip-Flop. Dies sorgt für ein sauberes Umschaltsignal und die Entprellung des Schalters. Die Umschaltung des Taktes erfolgt, ohne daß der Prozessor davon etwas „merkt", d. h., aufgrund der Verknüpfung der beiden Taktsignale durch D1 kann eine Umschaltung nur erfolgen, wenn beide Teilerausgänge zur Taktversorgung auf gleichem Potential liegen. Vorteilhaft an Variante 3 ist, daß diese nur einen einfachen Schalter benötigt. Variante 2 dagegen läßt sich einfach softwaremäßig steuern. Dazu ist es notwendig, an den Punkten A und B statt des Schalters einen Ausgabeport (PIO oder Latch) anzuschließen.
Abschließend muß noch darauf hingewiesen werden, daß bei Umbauten am MRB Z1013 die Garantie des Herstellers VEB Robotron-Elektronik Riesa erlischt.

Computer-Club robotron
A. Köhler

✉ KONTAKT ☏

VEB Robotron-Anlagenbau, Computer-Club, PSF 180, Leipzig, 7010

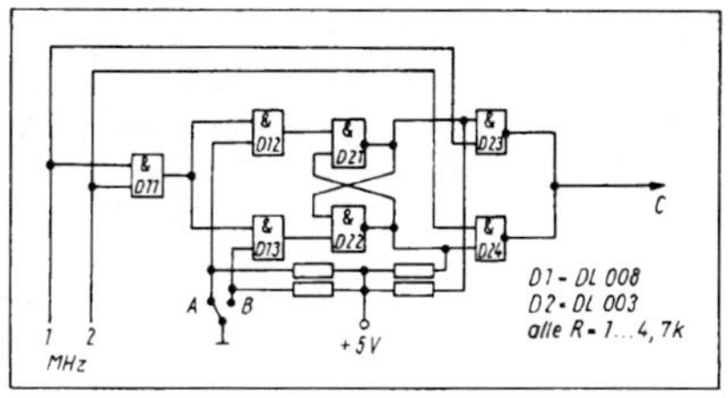

Bild 2 Variante 5

Erfahrungsaustausch gefragt

Am 18. März 1987 nahm unser Computerclub mit 109 Mitgliedern die Arbeit auf. Der Computerclub besteht aus 12 Arbeitsgruppen, wobei in jeder Arbeitsgruppe 8 bis 10 Studenten einer Fachrichtung arbeiten. Es werden Themen bearbeitet, die vor allem für den Schulbetrieb genutzt werden können. So sind es z. B.:
– Programme, die es ermöglichen, den Unterricht rechnergestützt durchzuführen
– Programme zur schnellsten Lösung mathematischer Routineberechnungen bei studentischen Laborübungen
– Programme zur Dokumentation.
Zur Lösung gerätetechnischer Aufgabenstellungen wurde eine Arbeitsgruppe Hardware gebildet.

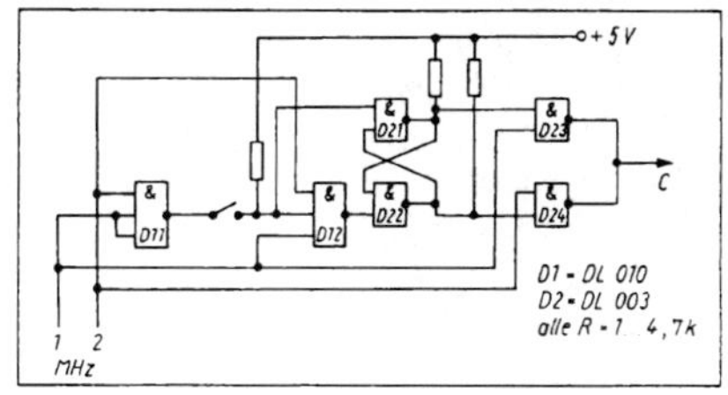

Bild 3 Variante 6

Dem Computerclub stehen Kleincomputer KC 85/1 und KC 85/3 zur Verfügung. Um bei so vielen Mitgliedern einen reibungslosen Betrieb zu gewährleisten, erfolgt die Vergabe von Rechenzeiten nach Vorbestellung. Um auch an den Wochenenden eine Arbeit am Rechner zu ermöglichen, wurde im Studentenwohnheim ein Raum eingerichtet, (ausgerüstet mit zwei KC 85/1 und zwei KC 85/3) der dem Computerclub zur Verfügung steht.
Wir würden gern mit anderen Computerclubs in Erfahrungsaustausch treten, um Tips und Anregungen zu bekommen.

Kukura

✉ KONTAKT ☏

Ingenieurschule „Ernst Thälmann", Computerclub, Senftenberg, 7840

FABAS

Lange frei definierbare Festkomma-Arithmetik in BASIC

Prof. Dr. Horst Völz, Berlin

Für viele Anwendungen, u. a. bei ökonomischen Rechnungen, reicht die Genauigkeit des BASIC-Interpreters nicht aus. Soll auf 1 Pfennig genau gerechnet werden, so bieten 6 gültige Stellen als größten Wert 9999,99 M. Genau hier stellt u. a. das zu beschreibende Programmsystem neue Möglichkeiten bereit. Es besteht aus einem Maschinenteil, der fest in BASIC eingebunden ist, und der für die Grundrechenarten bis zu 35 gültige Stellen, davon einen festdefinierbaren Teil hinter dem Komma, zuläßt. Den BASIC-Teil für die Grundroutine zum Erproben zeigt Bild 1. Den Hexdump der ersten, sehr langen BASIC-Zeile 0 (nicht im BASIC-Programm gelistet, da das zu Fehlern führen würde) zeigt Bild 2. Es wurde bewußt der Screen-Dump gewählt, damit beim Eingeben schnell Fehler erkennbar sind. Das Programm läuft auf dem KC 85/2 (3). Es gibt eine etwas abweichende Variante auch für den KC 85/1 bzw. KC 87.

Eingabe des Programms

Es wird zunächst der Hexcode mit MODIFY eingegeben. Dann wird BASIC aufgerufen, und es werden die Zeilen des BASIC-Programms eingegeben. Das Programm muß unmittelbar (noch vor jedem RUN) gerettet werden. Beim RUN entstehen nämlich in der Zeile 0-Werte. Werden dennoch LIST oder EDIT oder SAVE usw. aufgerufen, wird die Zeile 0 und damit das wichtige Maschinenprogramm zerstört. Für die Entwicklungsarbeit existieren aber zwei Hilfsroutinen, die alle Probleme beheben lassen:

Mit CALL*434 werden alle 0-Werte des Maschinenprogramms in FF verwandelt. Dann ist BASIC editierbar, ladbar usw. Um wieder ein arbeitsfähiges Programm für RUN zu haben, werden mit CALL*429 alle FF des Maschinenprogramms in 0 zurückgewandelt: Hier lag ein Problem; das Maschinenprogramm mußte so geschrieben werden, daß weder 0 noch FF im Befehlscode vorkommt.

Routinen des Maschinen- und BASIC-Programms

Im gemeinsamen Maschinen- und BASIC-Programm existieren folgende Funktionen:

a) Eingabe von Zahlen (E)
b) Anzeige von Zahlen (A)
c) Fehlertestroutine (F)
d) Registerübergabe (T) Inhalt von N nach M
e) Arithmetik: +, −, *, /, % (REG1 Operator REG2, Ergebnis nach REG∅)
f) Rundungsroutine
g) Hilfsroutine für Programmierarbeiten

Die Funktionen a) bis c) werden über GOSUB, die Funktionen d) bis g) werden über CALL * aufgerufen.
Die Programme des Maschinencodes sind:

CALL*40A
Rundungsmaßroutine für eine Zahl. Die Zahl wird um 1 erhöht bei der letzten Ziffer (am Ende Zahl, also meist Nachkommazahl); vorher Register N festlegen.
DOKE 1056, FN R(N)

CALL*429
wandelt Maschinencode in arbeitsfähige Version um

FF → 0
Es ist dann nicht mehr möglich:
Zeilen

- löschen
- editieren
- eingeben
- speichern usw.

CALL*434
wandelt Maschinencode in speicherbare, editierbare (einschließlich RENUMBER) Form um
0 → FF

CALL*453
verlagert den Inhalt von Register N nach Register M, vorher
DOKE 1056, FN R(N)
DOKE 1058, FN R(M)

CALL*469
Addition: (REG0) = (REG1) + (REG2)

CALL*4D2
Subtraktion: (REG0) = (REG1) − (REG2)

CALL*534
Multiplikation: (REG0) = (REG1) · (REG2)

CALL*5CF
Division: (REG0) = (REG1)/(REG2)

CALL*5D2
Prozent: (REG0) = (REG1)/(REG2) * 100

Bei allen Arithmetikroutinen erfolgt eine exakte Rundung. Ergibt sich bei der Berechnung ein Überlauf, so kann eine Fehleranzeige mittels BASIC-Zeile 210 erfolgen. Beim Fehler ist

(RS) = 0

Bei Fehleranzeige ist nach Betätigung irgendeiner Taste der gültige, niederwertige Zahlenteil mit richtigem Vorzeichen im REG 0 abgelegt.

Definition von Registern

Die Register 0, 1 und 2 dienen der Arithmetik. Sie werden ab Adresse 0 angelegt. Ihre Größe hängt von der definierten Stellenzahl ab. Weitere Register sind möglich und können an beliebigen freien Speicherplätzen angelegt werden. Es möge Y die Zahl der gültigen Stellen (geradzahlig) sein und X die Nachkommastellen (ebenfalls geradzahlig) mit

$2 < X < Y$;

dann werden beim Initialisieren des Programms zwei spezielle Speicherplätze in der langen Zeile gemäß

SB = Z/2 (Stellenbyte)
NK = X/2 (Nachkommabyte)

belegt. Der Grund dafür ist, daß eine BCD-Arithmetik verwendet und 1 Byte für das Vorzeichen genutzt wird.
Hierfür gilt:

0 − 254 = „+“
255 = „−“

Die Registerlängen betragen folglich SB + 1. Bezeichnet werden die Arithmetikregister mit einer natürlichen Zahl N. So wird die Anfangs- und Endadresse gemäß der definierten Funktion in Zeile 230 berechnet:

FN R = N * (SB + 1) (Anfang)
FN R = (N + 1)*(SB + 1) − 1 (Ende)

Die Speicherplätze für die Arbeitszellen zur Funktion des Programms sind wie folgt festgelegt:

Dezimal	HEX	Bedeutung
1058/9	422/3	Adresse 0
1060/1	424/5	Adresse 1
1062	426	Stellenbyte SB
1063	427	Nachkommabyte NK
1064	428	Reservebyte RS

Ein- und Ausgaberoutinen

Die Ein- und Ausgaberoutinen wurden in BASIC geschrieben. Sie benötigen daher etwas mehr Zeit. Diese Zeit ist von der gewählten Stellenzahl abhängig. (Je größer die Stellenzahl, desto länger ist die Zeit für die Ein- und Ausgabe). Die Ausgabe aller Zahlen erfolgt generell rechtsbündig, ohne führende Nullen, aber mit dem Vorzeichen (nur negatives) ganz links. Die Eingabe akzeptiert vielfältige Formate, allerdings mit folgenden Voraussetzungen:

a) „−“ oder „+“ zu Beginn der Zahl („+“ kann entfallen)

```
0400 00 02 07 00 00 88 32 33
0408 30 3A E5 C5 F5 2A 22 04
0410 3A 26 04 47 7E C6 01 27
0418 77 2B 30 02 10 F6 F1 C1
0420 E1 C9 04 FF 0E FF 04 01
0428 FF E5 C5 F5 D5 AF 4F 06
0430 FE 04 18 09 E5 C5 F5 D5
0438 AF 47 0E FE 0C 21 0A 04
0440 11 E4 04 7E B8 20 01 71
0448 23 E5 B7 ED 52 E1 20 F3
0450 D1 18 CB E5 C5 F5 D5 2A
0458 22 04 ED 5B 24 04 AF 47
0460 3A 26 04 4F 03 ED B0 18
0468 E7 E5 C5 F5 D5 DD E5 CD
0470 9A 04 20 69 F5 B7 1A 8E
0478 27 DD 77 01 2B 1B DD 2B
0480 10 F4 DC C9 04 F1 CB 47
0488 28 05 3E FE 3C 18 01 AF
0490 DD 77 01 DD E1 D1 F1 C1
0498 E1 C9 AF 47 67 32 28 04
04A0 3A 26 04 6F E5 DD E1 DD
04A8 2B 4F 0C 0A 09 F5 09 EB
04B0 E1 C5 47 23 7E 2B 0E 08
04B8 B8 28 02 0E 80 04 20 02
04C0 CB C1 79 C1 0D 41 CB 7F
04C8 C9 3E 01 32 28 04 C9 E5
04D0 C5 F5 D5 DD E5 CD 9A 04
04D8 20 9A CD C9 04 E5 D5 C5
04E0 AF 47 0B ED 42 EB ED 42
04E8 C1 1A BE 23 13 20 10 10
04F0 F8 D1 E1 AF 41 04 DD 77
04F8 01 DD 2B 10 F9 18 94 D1
0500 E1 38 0A EB CD 1D 05 1A
0508 DD 77 01 18 86 3A 28 04
0510 B7 28 F1 CD 1D 05 1A 3C
0518 28 EE C3 8A 04 AF CD CB
0520 04 41 1A 9E 27 DD 77 01
0528 2B 1B DD 2B 10 F4 38 99
0530 C9 E5 C5 F5 D5 DD E5 FD
0538 E5 CD 9A 04 F5 FD 21 A0
0540 03 FD E5 3A 26 04 87 3C
0548 47 AF FD 77 01 FD 2B 10
0550 F9 FD E1 FD E5 3A 26 04
0558 F5 1A B7 28 35 F5 E6 0F
0560 47 F1 E6 F0 CB 3F F5 80
0568 47 F1 CB 3F CB 3F 80 F5
0570 FD E5 E5 3A 26 04 47 B7
0578 FD 7E 01 8E 27 FD 77 01
0580 2B FD 2B 10 F3 30 04 FD
0588 36 01 01 E1 FD E1 F1 3D
0590 20 DD 1B FD 2B F1 3D 20
0598 BF E1 23 3A 27 04 B7 28
05A0 11 2B 3D 20 FC 23 7E FE
05A8 50 2B 38 06 22 22 04 CD
05B0 0A 04 3A 26 04 47 7E DD
05B8 77 01 2B DD 2B 10 F7 7E
05C0 B7 C4 C9 04 F1 CB 7F FD
05C8 E1 C3 88 04 AF 18 02 3E
05D0 01 32 22 04 E5 C5 F5 D5
05D8 DD E5 FD E5 CD 9A 04 F5
05E0 7B 32 24 04 DD 7E 02 32
05E8 25 04 FD 21 A0 03 3A 26
05F0 04 47 4F 04 04 AF DD 77
05F8 02 FD 77 01 FD 2B 10 F9
0600 41 7E FD 77 01 2B FD 2B
0608 DD 2B 1B 10 F4 AF FD 77
0610 01 41 04 67 6F 77 23 10
0618 FC 3A 27 04 47 04 2B 10
0620 FD FD 23 13 3A 22 04 B7
0628 28 01 2B 41 AF FD BE 01
0630 20 08 FD 23 23 10 F6 C3
0638 C4 05 41 EB BE 20 14 23
0640 1B 10 F9 41 AF 67 6F 3E
0648 99 23 77 10 FC CD C9 04
0650 C3 C4 05 3A 26 04 3C B8
0658 38 76 AF 32 23 04 FD 7E
0660 01 B7 20 09 3A 23 04 12
0668 FD 23 13 18 E6 BE 28 49
0670 30 11 3A 25 04 B8 38 58
0678 3A 23 04 12 13 FD 23 AF
0680 32 23 04 FD E5 E5 3A 23
0688 04 C6 01 27 32 23 04 3A
0690 24 04 BD 28 05 FD 23 23
0698 18 F5 41 04 B7 FD 7E 01
06A0 9E 27 FD 77 01 FD 2B 2B
06A8 10 F3 E1 FD E1 FD 2B FD
06B0 7E 01 FD 23 B7 20 CC 18
06B8 A5 E5 FD E5 23 FD 23 FD
06C0 7E 01 BE 20 06 3A 24 04
06C8 BD 20 F1 FD E1 E1 18 A8
06D0 3A 23 04 F5 3A 26 04 32
06D8 22 04 3C 6F AF 32 23 04
06E0 67 3A 25 04 77 F1 FE 58
06E8 D4 0A 04 6C C3 BF 05 43
06F0 6F 70 79 72 69 67 68 74
06F8 20 48 2E 56 6F 65 6C 7A
0700 20 00 2F 07 0A 00 4C 84
0708 A7 52 28 4E 29 3A 58 B4
0710 53 42 AD 4E 4B AC 31 3A
0718 8A C5 28 4C 29 B4 32 35
0720 35 A9 9E 22 2D 22 3B 3A
0728 D4 9E 22 20 22 3B 00 57
```

Bild 2 Hexcode des Maschinenprogramms

b) Die Zahl darf nur einen Dezimalpunkt enthalten (sonst fehlerhafte Eingabe ohne Fehleranzeige, der erste Punkt wird gewählt)

c) Das Komma ist in der Zahl nicht zulässig (Alle Ziffern nach dem Komma werden ignoriert.)

Bild 1 Grundroutine zum Erproben

```
1 !---------------------------*
2 !      *** FABAS ***         *
3 !Festkomma-Arithmetik BASIC *
4 ! H.Voelz          14.8.86   *
5 !---------------------------*
6 !GOTO230=Start
7 !Anzeigeroutine
8 !==============
10 L=FNR(N):X=SB-NK+1:IFPEEK(L)=255THENPRINT"-";:ELSEPRINT" ";
20 Y=0:FORI=1TOSB:A=PEEK(L+I):IFI=XTHENPRINT".";:Y=1
30 B=(AAND240)/16:A=AAND15
40 IFY+A+B=0THENPRINT"  ";:NEXT:RETURN
50 IFY+B=0THENPRINT" ";RIGHT$(STR$(A),1);:Y=1:NEXT:RETURN
60 Y=1:PRINTRIGHT$(STR$(B),1);RIGHT$(STR$(A),1);:NEXT:RETURN
65 !Eingaberoutine
66 !=============
70 L=LEN(A$):S$=LEFT$(A$,1):C=0:D=0:IFS$="-"THEND=255
80 IFS$="-"ORS$="+"THENL=L-1:A$=RIGHT$(A$,L)
90 A$="00"+A$:L=L+2:X=L+1
100 FORI=1TOL:IFMID$(A$,I,1)="."THENX=I:I=L
110 NEXT:Y=NK+NK-L+X
120 IFY<>0THENL=L+Y
130 IFY>0THENFORX=1TOY:A$=A$+"0":NEXT
140 IFY<0THENC=VAL(MID$(A$,L+1,1)):A$=LEFT$(A$,L)
150 Y=FNR(N)+SB:
160 FORX=L-1TOL-SB-SB-2STEP-2:A=0:IFX=L-NK-NK-1THENX=X-1
170 IFX 0THENA=VAL(MID$(A$,X,2))
180 B=INT(A/10):A=16*B+A-10*B:POKEY,A:Y=Y-1
190 NEXT:IFC=>5THENDOKE1058,FNR(N)+SB:CALL*40A
200 POKEFNR(N),D:RETURN
205 !Ueberlaufanzeige
206 !================
210 IFPEEK(1064)THENPRINT"Ueberlauf":INPUTX
220 RETURN
225 !Start main
226 !==========
230 DEFFNR(N)=N*(SB+1):DEFFNE(N)=(N+1)*(SB+1)-1
235 !ab hier Arbeisversion
236 !====================
240 INPUT"Stellenzahl = ";SB:SB=INT(SB/2+.5):POKE1062,SB
250 INPUT"Nachkommazahl = ";NK:NK=INT(NK/2+.5):POKE1063,NK
260 PRINT:INPUT"1.Zahl = ";A$:IFA$="T"GOTO380
270 IFA$="E"GOTO390
280 IFA$="A"GOTO400
290 IFA$="F"GOTO310
300 N=1:GOSUB70:INPUT"2.Zahl = ";A$:N=2:GOSUB70
310 INPUT"Funktion";A$:IFA$="+"THENCALL*469:GOTO370
320 IFA$="-"THENCALL*4CF:GOTO370
330 IFA$="*"THENCALL*531:GOTO370
340 IFA$="/"THENCALL*5CC:GOTO370
350 IFA$="%"THENCALL*5CF:GOTO370
360 PRINT"Falsche Eingabe":GOTO260
370 GOSUB210:N=0:GOSUB10:GOTO260
380 INPUT"REG. N- M";N,M:DOKE1058,FNR(N):DOKE1060,FNR(M):CALL*453:GOTO260
390 INPUT"REG";N:INPUT"Zahl = ";A$:GOSUB70:GOTO260
400 INPUT"REG";N:GOSUB10:GOTO260
```

d) Die Zahl darf nicht mehr Stellen vor dem Dezimalpunkt enthalten, als das Maximalformat erlaubt (keine Fehleranzeige, Übernahme der möglichen niederwertigen Stellen)
e) Die Nachkommazahl kann beliebig lang oder kurz sein (Ergänzung durch zusätzliche Nullen bzw. exakte Rundung erfolgen automatisch)
f) Führende Nullen vor dem Dezimalpunkt können entfallen.
g) Bei ganzen Zahlen kann der Dezimalpunkt entfallen.

Es seien 10 gültige Stellen und 2 Nachkommastellen festgelegt;
Gültige Eingaben sind dann:
12
1234.5
1234.567 intern auf 1234.57 gerundet
−12.
−12.3
−.33
.45
Fehlerhafte Eingaben infolge Komma sind:
123,3 intern 123
1153,7 intern 1153
Fehlerhafte Eingaben sind weiter:
1.234.56 zwei Punkte; intern: 1.23
1A3A.57 enthält A; intern: 1030.57
Alle nicht gültigen Zeichen werden als 0 interpretiert. Zu lange Zahlen
1234567890.33
verlieren die vorderen Stellen – intern wird erhalten
45678901.33

Variablen und Hilfsprogramme

Globale Variablen sind:
N Registernummer; NK Nachkommabyte; SB Stellenbyte; RS Reservebyte
Lokale Variablen sind:
Eingabe
A enthält Zahl als ASCII-Kette; A, B, C, D, I, L, X, Y, S
Ausgabe
A, B, I, L, X, Y
Beschreibung des Hilfsprogrammes:
Mit dem Hilfsprogramm kann wie mit einem Taschenrechner gerechnet werden. Es ist bezüglich Geschwindigkeit nicht voll optimal gestaltet. Es erlaubt folgende Eingaben bei Anzeige:
1. Zahl =
T = Transport von Register N nach Register M
E = Eingabe einer Zahl in Register N
A = Anzeige der Zahl im Register N
F = Funktionswahl für REG1: REG2 → REG0 alle Zahleneingaben gehen ins Register 1. Bei Anzeige:
2. Zahl =
kann nur eine Zahl ins Register 2 eingegeben werden.
Bei Anzeige „Funktion“ sind möglich:
„+“, „−“, „*“, „/“ und „%“.
Mit diesen Befehlen sind vielfältige Rechnungen möglich.

Anwendung der Programme

Das vorgestellte Programm dient nur zum Erlernen des Umganges. Für die praktische Anwendung muß ein spezielles Programm geschrieben werden. Dabei muß aber der BASIC-Kern bis Zeile 230 (ohne REM-Zeilen) erhalten bleiben. Für die Registerbenennung werden die definierten Funktionen genutzt.

Magnetbandkatalog für KC 85/2,3

Es ist im allgemeinen sehr mühevoll, die auf den Magnetbändern gespeicherten Programme systematisch zu katalogisieren und die Programmdatei ständig auf dem aktuellen Stand zu halten. Neu hinzukommende Programme verändern das Bild sehr schnell. Es ist daher wünschenswert, eine automatische Dokumentation der Bänder vornehmen zu können. Das angefügte BASIC-Programm übernimmt diese Aufgabe:
Nach dem Start des Programms wird die zu katalogisierende Kassette in den Computer eingespielt. Es erfolgt dann ein selbständiges Lesen aller Kopfdaten. Ist das Band durchgelaufen, liegt eine vollständige Dokumentation auf dem Bildschirm bzw. auf dem Drucker (bei Ersetzen der PRINT-Befehle durch PRINT # 2) vor. Die Annehmlichkeiten dieses Programms wird man bald zu schätzen wissen. *Prof. Dr. H. Junek*

```
10 REM ****************
20 REM * H E A D E R   *          (C)  JUNEK 87
30 REM ****************
40 :
100 CLS
110 I=12288: REM #3000
120 READ X: IF X>=0 THEN POKE I,X:I=I+1: GOTO120
130 DATA 205,24,240,205,3,240,10,205,27,       240,201,-1
140 DEF FNP(X)=VPEEK(X)+256*VPEEK(X+1)
150 PRINT "H E A D E R          START  LGE    AUTO"
160 CALL*3000
170 IF PEEK(498)<>1 THEN160
180 B=14080:REM B=BUFFER-#8000
190 I=0
200 TYP$="CODE"
210 IF VPEEK(B)=211 THEN I=I+3:TYP$="PGM "
220 IF VPEEK(B)=212 THEN I=I+3:TYP$="DATA"
230 GOSUB300:IF I<11 THEN230
240 PRINT" ";:IF TYP$<>"CODE" THEN PRINT"    ";
250 PRINT TYP$;"  ";
260 IF TYP$<>"CODE" THEN290
270 A=FNP(B+17):E=FNP(B+19):S=FNP(B+21)
280 PRINT A;E-A;S;
290 PRINT:GOTO160
300 X= VPEEK(B+I): IF X=0 THEN X=32
310 PRINT CHR$(X);:I=I+1:RETURN
```

Tonausgabe mit dem KC 85/2(/3)

Als Leser der Zeitschrift MP möchte ich für die Rubrik MP-Computerclub Erfahrungen über die Tonausgabe mit dem KC 85/2(/3) darlegen. An der Artur-Bekker-Oberschule besteht seit etwa 2 Jahren eine Arbeitsgemeinschaft Informatik. Ziel unserer Überlegungen war es, die zweikanalige Tonausgabe des KC 85 ohne aufwendige Verstärkeranlagen zu realisieren. Mit dem SOUND-Befehl ist es beim KC 85 möglich, Töne über zwei Kanäle in einem Tonhöhenumfang von 7 Oktaven in 32 verschiedenen Lautstärken auszugeben /1/.
Technisch kann das monophon über den FBAS- oder RGB-Anschluß eines Fernsehgerätes oder über den Tonbandanschluß TAPE des Computers realisiert werden.
Um die Tonwiedergabe zweikanalig auszugeben, wurde von uns ein 2×6 W-Verstärker (Bausatz vom VEB Kontaktbauelemente und Spezialmaschinenbau Gornsdorf) aufgebaut, der im Handel als Bausatz mit fertiger Leiterplatte, Bauelementen und ausführlicher Beschreibung erworben wurde. Mit einem Diodenkabel wurde der Verstärker entsprechend Bild 6 des Systemhandbuchs S. 44 /2/ angeschlossen. An den beiden Anschlüssen 1 und 4 der TAPE-Buchse liegen je eine Ausgangsspannung von 100 mV an (Anschluß 1 – linker Kanal, Anschluß 2 – rechter Kanal). Diese Spannung reicht aus, um den Stereoverstärker mit 2 IS A 210 K im Frequenzbereich von etwa 16 Hz bzw. 25 Hz bis etwa 20 kHz auszusteuern /3/.
Der Klirrfaktor liegt bei 3 W bei etwa 0,3 %, was den Anforderungen an die AG-Arbeit sehr gut entspricht. Der Eingangswiderstand des Verstärkers liegt bei $R_E \geqq 100$ kOhm. Mit einem Tandempotentiometer von 470 kOhm kann die Lautstärke in ausreichendem Maße geregelt werden.
Der Vorteil dieses Stereoverstärkers gegenüber der monophonen Wiedergabe wurde bei vielen Beispielprogrammen deutlich. *E. Zeng*

Literatur

/1/ BASIC-Handbuch KC 85/3, VEB Mikroelektronik „Wilhelm Pieck“ Mühlhausen
/2/ Systemhandbuch KC 85/3, VEB Mikroelektronik „Wilhelm Pieck“ Mühlhausen
/3/ Bauanleitung 2×6 W-Verstärker, VEB Kontaktbauelemente und Spezialmaschinenbau Gornsdorf, Auerbacher Str., Gornsdorf, 9163

✉ KONTAKT ☏

Artur-Becker-Oberschule „Dorla“, Oberdorla, 5707,
Tel. Mühlhausen 39 19 und 24 53

ISSN 0233-2892
Mikroprozessortechnik, Berlin 1 (1987) 12
S. 353–384

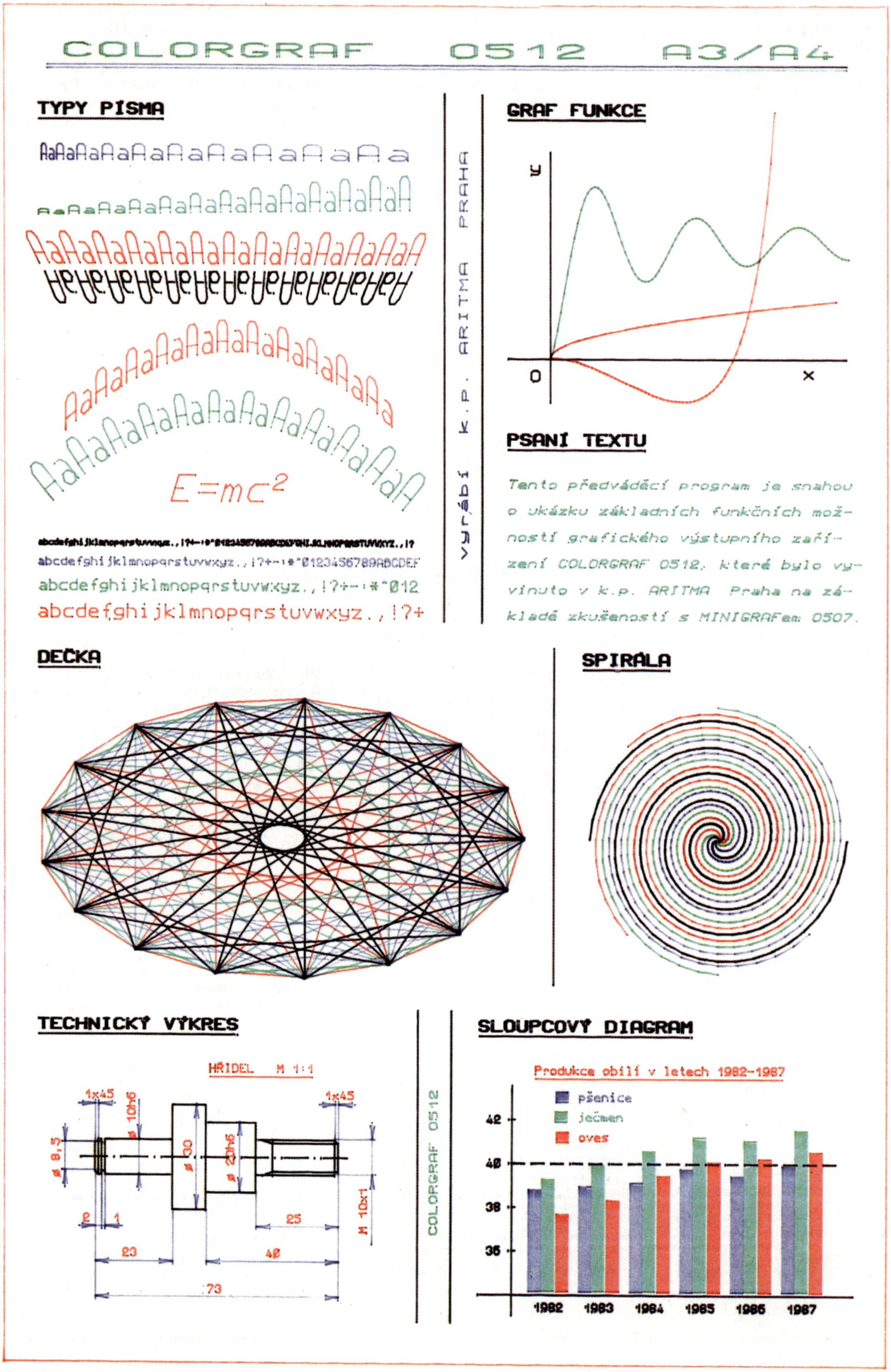

Gezeichnet auf dem COLORGRAF 0512 während der Internationalen Maschinenbaumesse Brno 1987. Zeichenzeit etwa 20 Minuten. Lesen Sie dazu bitte auch unseren Messebericht in diesem Heft.

FSC
www.fsc.org
MIX
Papier | Fördert gute Waldnutzung
FSC® C083411

Zeitfracht Medien GmbH
Ferdinand-Jühlke-Straße 7
99095 Erfurt, Deutschland
produktsicherheit@kolibri360.de